国家出版基金项目
NATIONAL PUBLICATION FOUNDATION
"十四五"时期国家重点出版物专项规划项目

A GUIDE TO THE STATE KEY PROTECTED WILD ANIMALS OF CHINA (AMPHIBIANS, FISHES, INSECTS AND OTHERS)

国 家 重 点 保 护
野生动物图鉴　两栖类、鱼类、昆虫及其他

中国野生动物保护协会／主编

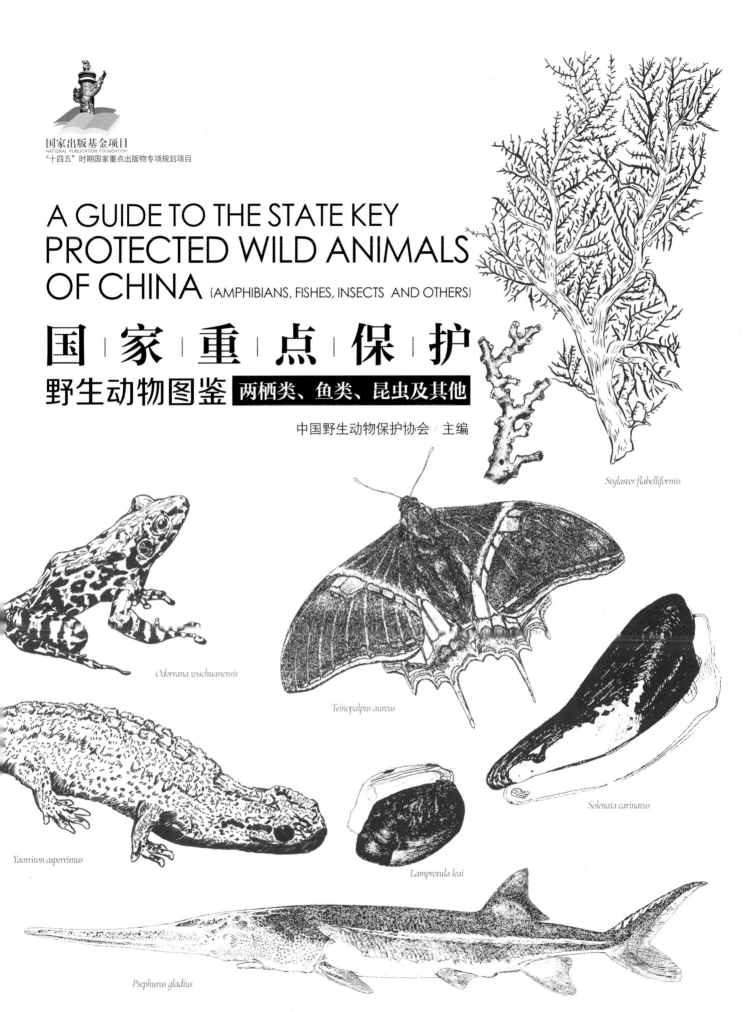

Stylaster flabelliformis

Odorrana wuchuanensis

Teinopalpus aureus

Solenaia carinatus

Yaotriton asperrimus

Lamprotula leai

Psephurus gladius

海峡出版发行集团｜海峡书局
THE STRAITS PUBLISHING & DISTRIBUTING GROUP

图书在版编目（CIP）数据

国家重点保护野生动物图鉴．两栖类、鱼类、昆虫及其他／中国野生动物保护协会主编．— 福州：海峡书局，2023.2
ISBN 978-7-5567-1065-2

Ⅰ．①国… Ⅱ．①中… Ⅲ．①野生动物－中国－图集

Ⅳ．① Q958.52-64

中国国家版本馆 CIP 数据核字（2023）第 005586

出 版 人：林 彬
策 划 人：曲利明 李长青
主 编：中国野生动物保护协会
责任编辑：廖飞琴 黄杰阳 陈 尽 杨思敏 陈 婧 陈洁蕾 林洁如 邓凌艳
责任校对：卢佳颖
装帧设计：李 晔 黄舒堉 董玲芝 林晓莉
插画绘制：李 晔

GUÓJIĀ ZHÒNGDIĂN BǍOHÙ YĚSHĒNG DÒNGWÙ TÚJIÀN （LIĂNGQĪLÈI YÚLÈI KŪNCHÓNG JÍ QÍTĀ）

国家重点保护野生动物图鉴（两栖类、鱼类、昆虫及其他）

出版发行：海峡书局
地 址：福州市台江区白马中路 15 号
邮 编：350004
印 刷：雅昌文化（集团）有限公司
开 本：889 厘米 × 1194 厘米 1/16
印 张：14.625
图 文：234 码
版 次：2023 年 2 月第 1 版
印 次：2023 年 2 月第 1 次印刷
书 号：ISBN 978-7-5567-1065-2
定 价：480.00 元

《国家重点保护野生动物图鉴（两栖类、鱼类、昆虫及其他）》

组委会

主 任 / 李春良

副主任 / 武明录 王维胜

委 员 / 褚卫东 王晓婷 斯 萍 尹 峰 李林海 谢建国 卢琳琳 于永福 赵星怡 梦 梦 张 玲 钟 义

指导单位 / 国家林业和草原局野生动植物保护司

两栖类编委会

执行主编 / 饶定齐

编 委 / （按姓氏笔画排列）

马晓锋 朱毅武 刘 硕 张 亮 陈冬小 武立哲 范梦圆 周佳俊 侯 勉 郭克疾 曾晓茂

鱼类编委会

执行主编 / 李 帆

编 委 / 刘 攀 刘 敏

昆虫编委会

执行主编 / 张巍巍

编 委 / 徐堉峰 黄嘉龙 宋海天

其他动物类群编委会

编 委 / 尉 鹏 李宏毅 刘 毅 林业杰

摄 影 插 画 / （按姓氏笔画排列）

飞蝇烧 马晓锋 王 剑 王 健 王小天 王吉申 王聿凡 王志良 王佳丽 王晓贝 王浩展 王瑞阳 文海军 申志新
田应洲 史宏亮 史静耸 邢 睿 曲利明 朱毅武 任金龙 刘 晔 刘 硕 刘 敏 刘 毅 刘小龙 刘振华 刘鹏宇
刘漪舟 齐 硕 关 克 关怀宇 江航东 汤 亮 许 阳 孙文浩 麦祖齐 严 莹 李 帆 李 鸿 李元胜 李长青
李仕泽 李辰亮 李茂良 李家堂 杨道德 吴 超 邱 鹭 邱见玥 何 豪 余 锟 谷晓明 汪 阗 宋睿斌 张 田
张 亮 张 浩 张 悦 张 雄 张 强 张宏静 张明旺 张继灵 张巍巍 陆千乐 陆建树 陈 骁 陈伟才 陈尽虫
陈映辉 范丽卿 林业杰 林柏岸 罗丽华 周 行 周丹阳 周正彦 周佳俊 郑 声 郑昱辰 郑瑜池 赵 凯 赵 惠
赵海鹏 胡万新 胡东宇 钟晓天 侯 勉 侯鸣飞 饶定齐 施世华 姜日新 费 梁 姚 著 骆 适 莫运明 莫明忠
顾志峰 徐一扬 徐廷程 徐堉峰 殷后盛 郭 亮 郭 睿 郭嘉瑛 唐战胜 黄 宇 黄 勇 黄 悦 黄宝平 黄康亮
黄嘉龙 黄耀华 崔世辰 梁霁鹏 尉 鹏 彭宁一 董志巍 蒋可威 辉 洪 喻 燊 曾晓茂 谢伟亮 谢昊洋 詹程辉
溪里糊涂 廖海树 熊建利 颜 旭 Alex Hyde Mark MacEwen PREMAPHOTOS

支持单位 / 中国科学院昆明动物研究所 飞羽文化（北京）传媒 自然影像图书馆（www.naturepl.com） 西南山地

　　　　　　湖北博得文斗科技服务有限公司

序

中国是世界上野生动物资源最为丰富的国家之一，据统计，中国仅脊椎动物就达7300种，占全球种类总数的10%以上。

中国政府通过不断完善野生动植物保护法律法规体系、有效履行野生动植物保护行政管理和执法监督、打击野生动植物非法贸易、普及和提高公民的保护意识、加强和拓展双边及多边国际合作，建立了行之有效的综合管理体系，形成了中国特色的野生动物保护管理模式。

中国野生动物保护事业持续健康发展。通过构建以国家公园为主体的自然保护地体系，已形成各级各类自然保护地1.18万处、约占陆域国土面积18%，有效保护了90%的陆地生态系统类型、65%的高等植物群落和71%的国家重点保护野生植物物种；野生动物种群数量得到恢复，栖息地质量得到改善。朱鹮的数量目前已经增加到7000余只，海南长臂猿数量也增加到了5群35只；强化人工繁育技术，开展野化放归，100多种濒危珍贵物种种群实现了恢复性增长。特别是相继成立了大熊猫、亚洲象、穿山甲、海南长臂猿等珍贵濒危物种的保护研究中心。大熊猫的人工繁育难题实现突破，2021年底圈养种群数量已达到673只。曾经灭绝的普氏野马、麋鹿等重新建立了野外种群。全面禁止野生动植物的非法交易，形成严厉打击野生动植物非法交易的高压态势。2021年亚洲象北移及返回之旅，充分展示了中国野生动物保护的成果，这得益于中国政府对生态建设的高度重视，得益于社会公众对生态保护的大力支持。

30多年的实践表明，《国家重点保护野生动物名录》对强化物种拯救保护、打击乱捕滥猎及非法贸易、提高公众保护意识发挥了积极作用。中国野生动物保护协会、海峡书局出版社有限公司根据新颁布的《国家重点保护野生动物名录》，编辑出版了《国家重点保护野生动物图鉴》，我们真诚地希望通过这套图鉴，为我国野生动物的保护管理、执法监管以及公众教育提供参考，以推动我国的野生动物保护工作。

是为序。

中国野生动物保护协会

2022年3月

本书使用说明

本书每种物种文字介绍包括中文名、拉丁学名、形态特征、分布，另配一到多幅精彩图片。

本书目录按《国家重点保护野生动物名录》排序，索引按笔画或字母排序，读者可以通过目录或索引查找到每种物种的页码，进而查阅相应内文。

IUCN 红色名录的受胁等级：

NE 未评估 Not Evaluated	DD 数据不足 Data Deficient	LC 无危 Least Concern
NT 近危 Near Threatened	VU 易危 Vulnerable	EN 濒危 Endangered
CR 极危 Critically Endangered	EW 野外灭绝 Extinct in the Wild	EX 灭绝 Extinct

扫一扫了解更多 ●

中文名 ●

拉丁学名 ●

分类位置 ●

形态特征 ●

分布 ●

国家重点保护野生动物
保护等级 ●

IUCN 红色名录的受胁等级 ●

CITES 公约保护等级 ●

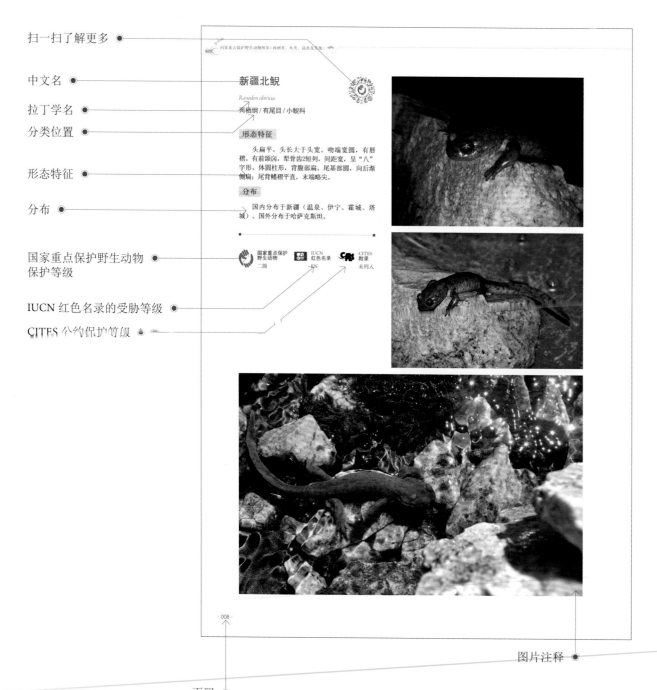

页码 ●

图片注释 ●

目录

两栖纲　文昌鱼纲　圆口纲
软骨鱼纲　硬骨鱼纲　肠鳃纲
昆虫纲　蛛形纲　肢口纲
软甲纲　双壳纲　头足纲
腹足纲　珊瑚纲　水螅纲

版纳鱼螈

Ichthyophis bannanicus

两栖纲 / 蚓螈目 / 鱼螈科

形态特征

体形似蚯蚓，呈近圆柱形，无四肢；尾短，略呈圆锥状。通身背面深棕色、灰棕色或棕黑色，显紫色蜡光。眼呈蓝黑色。触突为乳黄色。从口角向体两侧至肛孔各具条黄色或橘黄色纵带。腹面浅棕色或深棕色。肛孔周围为淡黄色。

分 布

国内分布于云南、广东、广西。国外分布于越南北部。

 国家重点保护野生动物 二级　　 IUCN 红色名录 LC　　CITES 附录 未列入

安吉小鲵

Hynobius amjiensis

两栖纲 / 有尾目 / 小鲵科

 国家重点保护
野生动物
一级

 IUCN
红色名录
CR

 CITES
附录
附录Ⅲ

形态特征

　　头部卵圆形而扁平，头长略大于头宽。无唇褶。无囟门，犁骨齿列呈"V"形。体粗壮而略扁。通身背面暗褐色或棕黑色。腹部灰褐色，均无斑纹。

分布

　　中国特有种。分布于安徽、浙江。

中国小鲵

Hynobius chinensis

两栖纲 / 有尾目 / 小鲵科

形态特征

　　头部较大，头长大于头宽。吻端圆，无唇褶。无囟门，犁骨齿列呈"V"形。体较短而粗壮，尾基部略圆，向后至尾末端逐渐侧扁，无背、腹暗褶或很弱。有的个体尾末端呈刀片状。

分布

　　中国特有种。分布于湖北。

 国家重点保护
野生动物
一级

 IUCN
红色名录
DD

 CITES
附录
未列入

挂榜山小鲵

Hynobius guabangshanensis

两栖纲 / 有尾目 / 小鲵科

形态特征

头部卵圆形，头长明显大于头宽。吻端圆，无唇褶。无囟门，犁骨齿列呈"V"形。通身圆柱形，腹面略扁平。尾基部略圆，尾部有背、腹鳍褶，向后逐渐变薄，尾末端圆。通身背面为黑色或黄绿色，具蜡光，无斑纹。腹面灰色略显紫红色，有许多白色小斑点。

分布

中国特有种。分布于湖南。

 国家重点保护
野生动物
一级

 IUCN
红色名录
DD

 CITES
附录
未列入

猫儿山小鲵

Hynobius maoershansis

两栖纲 / 有尾目 / 小鲵科

形态特征

头部较大、略扁，头长大于头宽。吻端圆，无唇褶。无囟门，犁骨齿列呈"V"形。体圆柱形，腹面扁平。尾基部呈圆柱形，向后逐渐侧扁，尾鳍褶不明显，尾末端圆。通身背面一般为黑色、浅紫棕色或黄绿色，无斑纹。体侧和腹面灰色，散布许多白色小斑点。

分布

中国特有种。分布于广西。

 国家重点保护
野生动物
一级

 IUCN
红色名录
CR

 CITES
附录
未列入

普雄原鲵

Protohynobius puxiongensis

两栖纲 / 有尾目 / 小鲵科

国家重点保护
野生动物
一级

IUCN
红色名录
CR

CITES
附录
未列入

形态特征

头扁平，呈卵圆形，头长大于头宽。吻端宽圆，鼻孔靠近吻端，无唇褶。头骨无囟门，鼻骨大；犁骨齿呈弧形，位于鼻孔后缘，在中线处几乎相遇。体圆柱形，略扁。尾鳍褶弱，末端圆。背面为一致的暗棕色。腹面深灰色，尾部背面略显棕黄色斑。

分布

中国特有种。分布于四川。

辽宁爪鲵

Onychodactylus zhaoermii

两栖纲 / 有尾目 / 小鲵科

形态特征

成鲵体细长。头较扁平。吻端圆，无唇褶；前颌囟大而圆，犁骨齿列呈弧形，左右彼此不相遇。背面黄褐色、橘黄色和浅橘红色，头背面布细密褐色小斑点，通身背面有不规则粗的黑褐色网状斑。腹面浅橘黄色。

分布

中国特有种。分布于辽宁。

 国家重点保护野生动物 一级

 IUCN 红色名录 NE

 CITES 附录 未列入

吉林爪鲵

Onychodactylus zhangyapingi

两栖纲 / 有尾目 / 小鲵科

形态特征

成鲵体细长。头较扁平。吻端圆，无唇褶。前颌囟大而圆，犁骨齿列呈2个倒"八"字形，左右彼此相遇。体圆柱形；尾长明显大于头体长，前段呈圆柱形，向后逐渐侧扁。通身背面浅紫黄色或紫褐色等，有网状黑褐色斑。腹面污白色。

分布

中国特有种。分布于吉林。

 国家重点保护
野生动物
二级

 IUCN
红色名录
DD

 CITES
附录
未列入

新疆北鲵

Ranodon sibiricus

两栖纲 / 有尾目 / 小鲵科

形态特征

　　头扁平，头长大于头宽。吻端宽圆，有唇褶。有前颌囟，犁骨齿2短列，间距宽，呈"八"字形。体圆柱形，背腹部扁。尾基部圆，向后渐侧扁；尾背鳍褶平直，末端略尖。

分布

　　国内分布于新疆（温泉、伊宁、霍城、塔城）。国外分布于哈萨克斯坦。

 国家重点保护
野生动物
二级

 IUCN
红色名录
EN

 CITES
附录
未列入

极北鲵

Salamandrella keyserlingii

两栖纲 / 有尾目 / 小鲵科

形态特征

　　头部扁平，呈椭圆形。吻端圆而高，无唇褶。无前颌囟，有纵长的额顶囟，犁骨齿列呈"V"形。体背、腹略扁。尾侧扁而较短，尾末端尖。通身背面多为棕黑色或棕黄色，体背面呈现3条深色纵纹，背正中具1条若断若续的深色纵脊纹，有的个体为深色斑点。腹面浅灰色。

分布

　　国内分布于黑龙江、吉林、辽宁、内蒙古、河南。国外分布于俄罗斯、蒙古、朝鲜、日本。

巫山巴鲵

Liua shihi

两栖纲 / 有尾目 / 小鲵科

 国家重点保护
野生动物
二级

 IUCN
红色名录
LC

 CITES
附录
未列入

形态特征

　　头部扁平，头长略大于宽。唇褶发达。前颌囟较大，犁骨齿2短列，间距宽，呈"八"字形。体略呈圆柱形。尾肌发达，尾基部圆，向后逐渐侧扁。背鳍褶起自尾基部，尾末端圆。通身背面黄褐色、灰褐色或绿褐色，具黑褐色或浅黄色大斑。腹面乳黄色，或具黑褐色细斑点。

分布

　　中国特有种。分布于河南、陕西、四川、重庆、湖北、贵州。

秦巴巴鲵

Liua tsinpaensis

两栖纲 / 有尾目 / 小鲵科

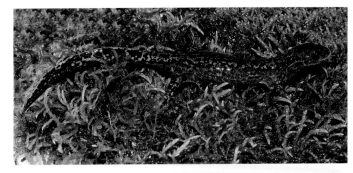

形态特征

头扁平。体近圆柱形，背腹略扁。无唇褶。眼后至颈侧具1条细纵沟，在后部弯向下方。通身背面金黄色与深棕褐色交织成云斑状。

分布

中国特有种。分布于四川、陕西、河南。

 国家重点保护
野生动物
二级

 IUCN
红色名录
VU

 CITES
附录
未列入

黄斑拟小鲵

Pseudohynobius flavomaculatus

两栖纲 / 有尾目 / 小鲵科

 国家重点保护
野生动物
二级

 IUCN
红色名录
VU

 CITES
附录
未列入

形态特征

头较扁平，呈卵圆形，头长大于头宽。吻端圆，无唇褶。有前颌囟，犁骨齿列呈"∨"形。体近圆柱形，尾鳍褶低平，末端多钝圆。背面紫褐色，具不规则的黄色斑或棕黄色斑，斑块形状变异大。体腹面为浅紫褐色。

分布

中国特有种。分布于湖北、湖南。

贵州拟小鲵

国家重点保护
野生动物
二级

IUCN
红色名录
DD

CITES
附录
未列入

Pseudohynobius guizhouensis

两栖纲 / 有尾目 / 小鲵科

形态特征

　　头部扁平，呈卵圆形。吻端圆，无唇褶。上、下颌有细齿；前颌囟大；犁骨齿列呈"V"形。体圆柱形，背腹略扁。头后至尾基部脊沟明显，肋沟12-13条；尾背鳍褶起始于尾基部上方，末端多钝尖。背面紫褐色，具不规则的橘红色或土黄色近圆形斑，斑块形状变异较大。

分布

　　中国特有种。分布于贵州。

金佛拟小鲵

Pseudohynobius jinfo

两栖纲 / 有尾目 / 小鲵科

形态特征

　　头部扁平，呈卵圆形，头长大于头宽。吻端钝圆，无唇褶。上、下颌有细齿；犁骨齿列呈"V"形。体圆柱形，背腹略扁。背面紫褐色，具不规则的土黄色小斑点或斑块，斑块形状变异较大。

分布

　　中国特有种。分布于重庆。

国家重点保护
野生动物
二级

IUCN
红色名录
EN

CITES
附录
未列入

宽阔水拟小鲵

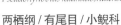

Pseudohynobius kuankuoshuiensis

两栖纲 / 有尾目 / 小鲵科

国家重点保护
野生动物
二级

IUCN
红色名录
CR

CITES
附录
未列入

形态特征

头部扁平，卵圆形。吻端圆，突出于下唇，无唇褶。有前颌囟，犁骨齿列呈"V"形。体近圆柱形，背腹略扁。尾背鳍褶较弱，末段侧扁渐细窄，末端钝圆。背面紫褐色，其上有土黄色圆斑块；体腹面色较浅。

分布

中国特有种。分布于贵州。

水城拟小鲵

Pseudohynobius shuichengensis

两栖纲 / 有尾目 / 小鲵科

形态特征

头部扁平，卵圆形。吻端圆，无唇褶；前颌囟大，泪骨入外鼻孔和眼眶，犁骨齿列呈"V"形。体圆柱形，背腹略扁。尾后段很侧扁，尾末端多呈剑状。背面紫褐色，无异色斑纹。体腹面色较浅。

分布

中国特有种。分布于贵州。

 国家重点保护
野生动物
二级

 IUCN
红色名录
CR

 CITES
附录
未列入

弱唇褶山溪鲵

Batrachuperus cochranae

两栖纲 / 有尾目 / 小鲵科

形态特征

头顶平。吻部高，吻端宽圆。唇褶弱，不明显，亦不包盖下唇。头长大于头宽，头后部较宽扁；前颌囟较大，犁骨齿2短列，左右间距宽，呈"八"字形。体浑圆；尾基部圆柱形，向后逐渐侧扁，尾鳍褶平直而低厚，仅后部较薄。

分布

中国特有种。分布于四川。

 国家重点保护野生动物 二级　　 IUCN 红色名录 NE　　 CITES 附录 未列入

无斑山溪鲵

Batrachuperus karlschmidti

两栖纲 / 有尾目 / 小鲵科

 国家重点保护野生动物 二级　　 IUCN 红色名录 VU　　 CITES 附录 未列入

形态特征

头部扁平，头长大于头宽。体肥大近圆柱形，背腹略扁。背面黑褐色，体表无斑点和条纹。

分布

中国特有种。分布于四川。

龙洞山溪鲵

Batrachuperus londongensis

两栖纲 / 有尾目 / 小鲵科

形态特征

　　头较扁平，头长大于头宽。吻短，吻端圆。唇褶发达，上唇褶包盖下唇后部。多数个体颈侧具鳃孔或外鳃残迹。通身背面黑褐色、黄褐色或橙黄色，有的个体具黄褐色或橙黄色斑。体腹面浅紫灰色。

分布

　　中国特有种。分布于四川。

 国家重点保护野生动物 二级　　 **IUCN 红色名录** EN　　 **CITES 附录** 未列入

山溪鲵

Batrachuperus pinchonii

两栖纲 / 有尾目 / 小鲵科

形态特征

头部略扁平，头长大于头宽。吻端圆，唇褶发达；成体颈侧无鳃孔或鳃的残迹。通身背面青褐色、橄榄绿色或棕黄色等，其上具黑褐色斑纹或斑点。腹面灰黄色，麻斑少。

分布

中国特有种。分布于四川、云南。

 国家重点保护
野生动物
二级

 IUCN
红色名录
VU

 CITES
附录
未列入

西藏山溪鲵

Batrachuperus tibetanus

两栖纲 / 有尾目 / 小鲵科

形态特征

　　头部较扁平，或头长略大于头宽。吻端宽圆，唇褶发达。成体颈侧无鳃孔或无鳃的残迹；体尾背面暗棕黄色、深灰色或橄榄灰色等，其上具酱黑色细小斑点或无斑。腹面较背面颜色略浅。

分布

　　中国特有种。分布于青海、甘肃、陕西、四川、重庆、西藏。

 国家重点保护野生动物 二级　 IUCN 红色名录 VU　 CITES 附录 未列入

盐源山溪鲵

Batrachuperus yenyuanensis

两栖纲 / 有尾目 / 小鲵科

形态特征

体形细长，头甚扁平，头长大于头宽。吻端圆，唇褶发达，上唇褶包盖下唇后部。成体无鳃孔或无外鳃残迹；通身背面黑褐色、黄褐色或蓝灰色，其上具云斑。腹面为灰黄色，褐色云斑少。

分布

中国特有种。分布于四川、云南。

国家重点保护 野生动物 二级	IUCN 红色名录 EN	CITES 附录 未列入

阿里山小鲵

Hynobius arisanensis

两栖纲 / 有尾目 / 小鲵科

国家重点保护 野生动物 二级	IUCN 红色名录 VU	CITES 附录 未列入

形态特征

头扁平，头长大于头宽。吻端圆，鼻孔靠近吻端，无唇褶。无囟门。犁骨齿列呈"V"形，内枝甚长，后段呈弧形，左右不相连。背面深褐色、茶褐色或浅褐色，个体小者偏黑褐色，多数个体无斑纹，有的密布黄褐色小圆点；有的个体背面散布白色小斑点。腹面色浅，略带乳黄色。

分布

中国特有种。分布于台湾。

台湾小鲵

Hynobius formosanus

两栖纲 / 有尾目 / 小鲵科

国家重点保护
野生动物
二级   IUCN
红色名录
EN   CITES
附录
未列入

形态特征

头圆而扁平，头长大于头宽。吻端圆，鼻孔位于吻端至眼之间，无唇褶。头体背面皮肤光滑，眼后至颈褶具1条纵肤沟。体背部中央具1条脊沟，体侧具肋沟12-13条。头体腹面光滑，颈褶明显。背面茶褐色或黑色，其上无斑纹或具黄褐色、金黄色斑。

分布

中国特有种。分布于台湾。

观雾小鲵

Hynobius fuca

两栖纲 / 有尾目 / 小鲵科

形态特征

头圆而扁平，头长大于头宽。吻端圆，鼻孔位于吻端至眼之间，无唇褶。体圆柱形，其长约为头长的3倍；尾基部较粗，向后逐渐变细而侧扁。背面黑褐色，其上具显著的白斑点。体侧和腹面褐色，具浅黄色斑块。

分布

中国特有种。分布于台湾。

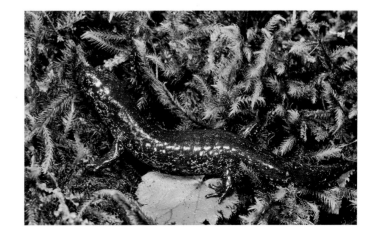

 国家重点保护
野生动物
二级   IUCN
红色名录
NE   CITES
附录
未列入

南湖小鲵

Hynobius glacialis

两栖纲 / 有尾目 / 小鲵科

形态特征

　　头圆而扁平，头长大于头宽。吻端圆，鼻孔位于吻端至眼之间，无唇褶。头体背面皮肤光滑，眼后至颈褶具1条纵肤沟。体背部中央具1条脊沟，背面浅黄褐色，其上有不规则而均匀分布的黑褐色短的条形斑纹。体腹面具浅黄色斑块。

分布

　　中国特有种。分布于台湾。

 国家重点保护野生动物 二级　　 **IUCN红色名录** NE　　 **CITES附录** 未列入

东北小鲵

Hynobius leechii

两栖纲 / 有尾目 / 小鲵科

形态特征

　　头部扁平，头长大于头宽。吻端钝圆，无唇褶；无囟门，犁骨齿列呈"V"形。体圆柱形且略扁；尾基部近圆形，向后逐渐侧扁，尾背鳍褶明显，尾末端钝圆。通身背面呈黄褐色、绿褐色或暗灰色，其颜色可随环境而变化，其上有黑灰色斑点，有的居群体背面无斑点。体腹面灰褐色或污白色。

分布

　　国内分布于黑龙江、吉林、辽宁。国外分布于朝鲜、韩国、日本。

 国家重点保护野生动物 二级　　 **IUCN红色名录** LC　　 **CITES附录** 未列入

楚南小鲵

Hynobius sonani

两栖纲 / 有尾目 / 小鲵科

形态特征

头部卵圆形。吻端圆，无唇褶。无囟门，犁骨齿列长，呈"V"形，内枝甚长，左右枝末端相距甚近。头体腹面光滑，颈褶明显。四肢短而粗壮，通身背面为浅褐色、黄褐色或红褐色，其上具不规则深褐色花斑。腹部色较浅，咽喉部黄褐色，杂有暗褐色斑纹。

分布

中国特有种。分布于台湾南投。

义乌小鲵

Hynobius yiwuensis

两栖纲 / 有尾目 / 小鲵科

国家重点保护野生动物 二级 　IUCN 红色名录 LC　CITES 附录 未列入

形态特征

头部卵圆形，头长大于头宽。吻端圆，无唇褶。体圆柱形，背腹略扁。尾基部近圆形，向后逐渐侧扁。通身背面一般为黑褐色，但在草丛中可变为浅草绿色。体侧通常具灰白色细点。体腹面灰白色，无斑纹。

分布

中国特有种。分布于浙江。

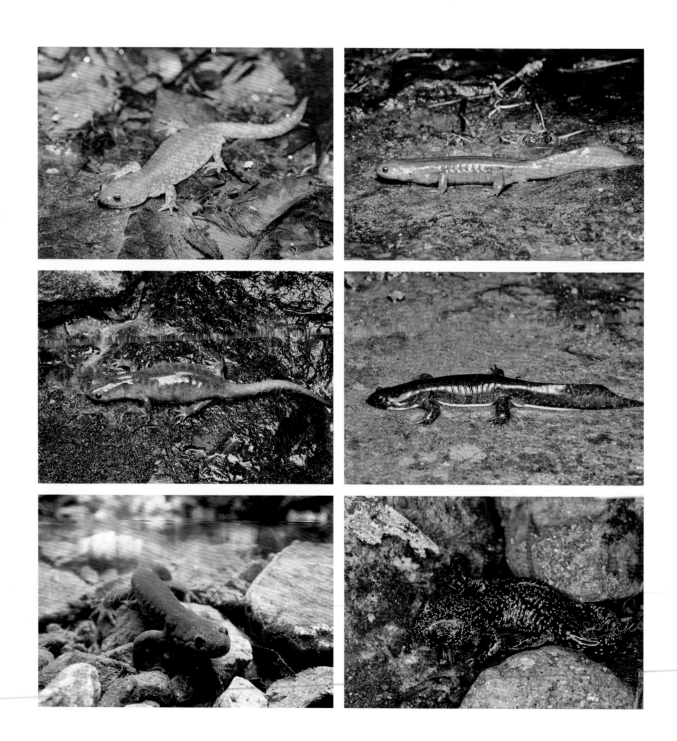

大鲵

Andrias davidianus

两栖纲 / 有尾目 / 隐鳃鲵科

形态特征

体粗壮扁平。尾高，基部宽厚，向后逐渐侧扁，尾鳍褶高而厚实，尾末端钩圆或尖。皮肤较光滑，头部背、腹面均具成对的疣粒。体侧具厚的皮肤褶和疣粒，肋沟具12-15条或不明显。通身背面浅褐色、棕黑色等，具黑色或褐黑色花斑。腹面灰棕色。

分 布

中国特有种。分布于河北、河南、山西、陕西、甘肃、青海、四川、重庆、云南、贵州、安徽、湖北、湖南、江西、江苏、上海、浙江、福建。

 国家重点保护野生动物 二级　　 IUCN 红色名录 CR　　 CITES 附录 附录Ⅰ

《国家重点保护野生动物名录》备注：仅限野外种群

潮汕蝾螈

Cynops orphicus

两栖纲 / 有尾目 / 蝾螈科

形态特征

　　头扁平，吻端圆。唇褶明显；犁骨齿列呈倒"V"形。体圆柱形。尾部向后逐渐侧扁，尾后段渐窄，尾末端尖。体背、腹面较光滑，具疣粒，肋沟约具14条或不明显，颈褶明显或不明显。通身背面黑褐色或黄褐色，色浅者体尾具黑褐色斑点。咽喉部和体腹面橘红色或橘黄色，均具黑色斑。

分布

　　中国特有种。分布于广东、福建。

 国家重点保护
野生动物
二级

 IUCN
红色名录
EN

 CITES
附录
未列入

大凉螈

Liangshantriton taliangensis

两栖纲 / 有尾目 / 蝾螈科

形态特征

　　头部扁平，头长略大于头宽。吻部高，吻端平截，近方形，鼻孔近吻端，无唇褶。无囟门，犁骨齿列呈倒"V"形。皮肤很粗糙。头背面两侧棱脊显著，后端向内侧弯曲成弧形。头顶部下凹，体背布满疣粒，无肋沟，两侧无圆形瘰粒；颈褶明显，体腹面具横纹。尾部疣小而少。

分布

　　中国特有种。分布于四川。

 国家重点保护
野生动物
二级

 IUCN
红色名录
NE

 CITES
附录
未列入

《国家重点保护野生动物名录》备注：原名"大凉疣螈"

贵州疣螈

Tylototriton kweichowensis

两栖纲 / 有尾目 / 蝾螈科

国家重点保护 野生动物 二级　IUCN 红色名录 VU　CITES 附录 附录II

形态特征

　　头部宽略大于长，扁平，顶部有凹陷。吻部短，吻端圆，头两侧棱脊明显。皮肤粗糙，头背面、躯干及尾部具大小疣粒。体两侧连续排列成纵行，无肋沟；颈褶明显或略显，体腹面具横纹和小疣。头体基色为黑褐色，背脊和体两侧形成3条橘红色宽纵纹。

分布

　　中国特有种。分布于云南、贵州。

川南疣螈

Tylototriton pseudoverrucosus

两栖纲 / 有尾目 / 蝾螈科

形态特征

　　头部扁平，顶部略有凹陷，头长大于头宽。吻短，吻端钝或略平截。头顶及两侧具显著的骨质棱脊；皮肤粗糙，体侧至尾基部各具1列纵向圆形大瘰粒，15-16枚，彼此不相连，瘰粒上、下方具红色疣粒。腹面较光滑，布满横纹。

分布

　　中国特有种。分布于四川。

国家重点保护 野生动物 二级　IUCN 红色名录 EN　CITES 附录 附录II

丽色疣螈

Tylototriton pulcherrima

两栖纲 / 有尾目 / 蝾螈科

形态特征

头部扁平而略厚，顶部有凹陷，皮肤粗糙，体侧各具1列大疣粒，约16枚，彼此不相连。腹面布满横缢纹，体腹侧具疣粒或形成团状。身体及尾部为棕红色或暗红色，头部骨棱、耳后腺、背脊棱、体侧和四肢为鲜黄色或橘黄色。

分布

国内分布于云南。国外分布于越南。

 国家重点保护
野生动物
二级

 IUCN
红色名录
NE

 CITES
附录
附录II

红瘰疣螈

Tylototriton shanjing

两栖纲 / 有尾目 / 蝾螈科

形态特征

头部扁平，头长大于头宽。吻部较高，略成方形。全身布满疣粒，头背面两侧棱脊显著隆起，后端向内弯曲，头顶略凹，体侧具圆形瘰粒14-16枚，排成纵列。颈褶明显，体腹面有横纹。背部及体侧棕黑色。头部、背部脊棱、体侧瘰粒、尾部、四肢、肛周围均为棕红色或棕黄色。

分布

国内分布于云南。国外分布于泰国、缅甸。

国家重点保护
野生动物
二级

IUCN
红色名录
VU

CITES
附录
附录II

棕黑疣螈

Tylototriton verrucosus

两栖纲 / 有尾目 / 蝾螈科

形态特征

　　头部扁平，头宽大于头长。吻端圆。鼻孔靠近吻端，无唇褶。无囟门，犁骨齿列呈倒"V"形。体圆柱形。通身黑褐色或褐色，有的个体头侧、背部脊棱和瘰粒、四肢和尾部均为浅褐色。

分布

　　国内分布于云南。国外分布于印度、缅甸和泰国。

 国家重点保护
野生动物
二级

 IUCN
红色名录
LC

 CITES
附录
附录Ⅱ

《国家重点保护野生动物名录》备注：原名"细瘰疣螈"

滇南疣螈

Tylototriton yangi

两栖纲 / 有尾目 / 蝾螈科

形态特征

头部扁平而宽厚，头长略大于头宽。吻短。皮肤粗糙，具大小疣粒。耳后腺大，不与头侧棱脊末端相连。体背两侧至尾基部各具大瘰粒16-17枚，彼此间不相连。腹面布满横缢纹。

分布

中国特有种。分布于云南。

 国家重点保护
野生动物
二级

 IUCN
红色名录
EN

 CITES
附录
附录II

安徽瑶螈

Yaotriton anhuiensis

两栖纲 / 有尾目 / 蝾螈科

国家重点保护野生动物 二级　IUCN红色名录 NE　CITES附录 未列入

形态特征

头长大于头宽。头侧骨质棱脊显著，后缘向内弯曲。尾长小于头体长。尾腹鳍褶延伸至泄殖腔后缘。指、趾末端和腹面、泄殖腔周围以及尾下缘皮肤橘红色。

分布

中国特有种。分布于安徽。

细痣瑶螈

Yaotriton asperrimus

两栖纲 / 有尾目 / 蝾螈科

 国家重点保护野生动物 二级

 IUCN 红色名录 NE

 CITES 附录 未列入

《国家重点保护野生动物名录》备注：原名"细痣疣螈"

形态特征

头部扁平。吻端平截。鼻孔接近吻端。皮肤粗糙，布满瘰粒和疣粒，头侧棱脊甚显著，瘰粒间界限明显。颈褶明显，胸、腹部有细密横纹。通身背面黑褐色，仅指、趾、肛部和尾部下缘为橘红色。腹面黑灰色。

分布

国内分布于广西。国外分布于越南北部。

宽脊瑶螈

Yaotriton broadoridgus

两栖纲 / 有尾目 / 蝾螈科

形态特征

头部扁平。吻端平截。鼻孔近吻端。体圆柱形或略扁。皮肤粗糙，周身布满大小较为一致的疣粒；疣粒彼此分界不清，几乎形成纵带；颈褶清楚，体腹面疣粒显著，不成横纹状。通身背面为黑褐色。腹面及肛部周围浅黑褐色，仅指、趾及尾部下缘为橘红色。

分布

中国特有种。分布于湖北、湖南。

国家重点保护野生动物	IUCN 红色名录	CITES 附录
二级	NE	未列入

人别瑶螈

Yaotriton dabienicus

两栖纲 / 有尾目 / 蝾螈科

形态特征

头长远大于头宽，头扁平。吻端平截，体圆柱形或略扁。皮肤极粗糙，周身布满大小较为一致的疣粒；体两侧无肋沟，疣粒群彼此分界不清，几乎形成纵带；颈褶清楚，体腹面疣粒显著，形成横缢纹状。通身背面为黑褐色。腹面及肛部周围浅黑褐色，仅指、趾及尾部下缘为橘红色。

分布

中国特有种。分布于河南。

国家重点保护野生动物	IUCN 红色名录	CITES 附录
二级	NE	未列入

海南瑶螈

Yaotriton hainanensis

两栖纲 / 有尾目 / 蝾螈科

形态特征

　　头部宽大而扁平。吻端平截。皮肤粗糙，布满密集疣粒。头侧棱脊显著，其后部向内弯曲。体两侧无肋沟，各有圆形瘰粒14-16枚，彼此分界明显，排成纵行；颈褶明显，胸、腹部有细横缢纹。通身背面浅褐色或黑褐色；仅指、趾、肛周缘及尾下缘为橘红色。腹面灰褐色。

分布

　　中国特有种。分布于海南。

 国家重点保护野生动物 二级　　 IUCN 红色名录 NE　　 CITES 附录 未列入

浏阳瑶螈

Yaotriton liuyangensis

两栖纲 / 有尾目 / 蝾螈科

形态特征

　　头部扁平。吻端平截。鼻孔近吻端。皮肤粗糙，周身布满大小较为一致的疣粒。体两侧无肋沟，瘰粒彼此分界不清，几乎形成纵带。颈褶清楚，腹面具横缢纹。通身背面为黑褐色。体腹面浅黑褐色，仅指、趾和掌突、跖突、肛孔内壁以及尾部下缘为橘红色或橘黄色，肛孔外周黑色。

分布

　　中国特有种。分布于湖南。

 国家重点保护野生动物 二级　　 IUCN 红色名录 EN　　 CITES 附录 未列入

莽山瑶螈

Yaotriton lizhenchangi

两栖纲 / 有尾目 / 蝾螈科

形态特征

头部扁平，顶部有凹陷，头长大于头宽。吻端或略平截。皮肤较粗糙，布满细小瘰疣；体侧各有1列瘰粒，12-15枚，外展上翘，彼此相间或相连。腹面布满横纹。雄性的耳后腺、指趾前段、肛部及尾下缘呈橘红色，掌、跖部具橘红色斑点，其余部位为黑色。

分布

中国特有种。分布于湖南、广东。

 国家重点保护 野生动物 二级

 IUCN 红色名录 NE

 CITES 附录 未列入

文县瑶螈

Yaotriton wenxianensis

两栖纲 / 有尾目 / 蝾螈科

形态特征

头部扁平。吻端平截。鼻孔近吻端。皮肤粗糙，周身布满大小较为一致的疣粒。体两侧无肋沟，粒彼此分界不清，几乎形成纵带。颈褶清楚，体腹面疣粒显著，不成横缢纹状。通身背面为黑褐色。腹面及肛部周围浅黑褐色，仅指、趾和掌突、跖突以及尾部下缘为橘红色或橘黄色。

分布

中国特有种。分布于甘肃、四川、重庆、贵州。

 国家重点保护 野生动物 二级

 IUCN 红色名录 VU

 CITES 附录 未列入

蔡氏瑶螈

Yaotriton ziegleri

两栖纲 / 有尾目 / 蝾螈科

形态特征

通身背面棕黑色或黑色。肋骨结节，手指和脚趾末端、脚掌、手掌以及从肛门一直延伸到腹脊都有明显的亮橙色。皮肤粗糙，有微小颗粒。头部有明显的骨质突起。脊椎嵴突起且存在分隔，形成1列结节。

分布

国内分布于云南。国外分布于越南。

 国家重点保护
野生动物
二级

 IUCN
红色名录
NE

 CITES
附录
未列入

镇海螈螈

Echinotriton chinhaiensis

两栖纲 / 有尾目 / 蝾螈科

形态特征

体扁平。通身背面布满疣粒。头两侧棱脊不发达，头顶后方具 "V" 形棱脊；背部中央脊棱突出。肋骨棱脊明显体侧具许多疣粒堆集排列成瘰疣，全身棕黑色，仅口角处突起，指和趾端、尾腹鳍褶为橘黄色。

分布

中国特有种。分布于浙江。

 国家重点保护
野生动物
一级

 IUCN
红色名录
CR

 CITES
附录
附录Ⅱ

《国家重点保护野生动物名录》备注：原名"镇海疣螈"

琉球棘螈

Echinotriton andersoni

两栖纲 / 有尾目 / 蝾螈科

形态特征

体扁平。尾侧扁，末端钝尖。通身背面皮肤粗糙，布满大小疣粒；头侧棱脊不发达，枕部"V"形棱脊明显。背部中央脊棱显著。通身背面黑褐色，仅口角处突起、背部脊棱和瘰疣为橘黄色，掌、跖、指、趾、腹面和肛孔周围以及尾下缘均为橘黄色。腹面较背面色略浅。

分布

国内分布于台湾。国外分布于日本。

 国家重点保护
野生动物
二级

 IUCN
红色名录
VU

 CITES
附录
未列入

高山棘螈

Echinotriton maxiquadratus

两栖纲 / 有尾目 / 蝾螈科

形态特征

体扁平，背面布满疣粒。头两侧棱脊不发达，头顶后方略显"V"形棱脊。体两侧各有约12枚瘰疣排成纵行，瘰粒处有的肋骨末端可穿过皮肤到体外；有颈褶，体腹面密布疣粒，缢纹不明显。通身棕黑色，仅口角处突起、指、趾端和尾腹鳍褶为橘黄色。

分布

中国特有种。分布于广东、江西和福建三省交界地区。

 国家重点保护
野生动物
二级

 IUCN
红色名录
CR

 CITES
附录
附录II

橙脊瘰螈

Paramesotriton aurantius

两栖纲 / 有尾目 / 蝾螈科

形态特征

头部扁平略呈三角形，头长大于头宽。吻端平截，头侧棱脊显著，自吻端向后至枕部逐渐扩大。指、趾无蹼，第三趾侧可见缘膜。尾基部圆柱形，向后逐渐侧扁。体背具1条橘红色脊纹；体侧及腹面具不规则橘红色、黄色斑点和斑块。

分布

中国特有种。分布于福建。

 国家重点保护
野生动物
二级

 IUCN
红色名录
VU

 CITES
附录
附录Ⅱ

雌

雄

尾斑瘰螈

Paramesotriton caudopunctatus

两栖纲 / 有尾目 / 蝾螈科

 国家重点保护
野生动物
二级

 IUCN
红色名录
NT

CITES
附录
附录II

形态特征

头部略扁平，前窄后宽。吻长明显大于眼径。体圆柱形。尾基部粗壮，向后逐渐侧扁，尾鳍褶薄而平直，末端圆。皮肤较粗糙，头侧有腺质棱脊。额鳞弓的鳞骨部分与额骨部分粗细相同。背中央及两侧具3条纵行密集疣，无肋沟；颈褶明显。通身背面具3条橘黄色纵带。

分布

中国特有种。分布于贵州、湖南、广西。

中国瘰螈

Paramesotriton chinensis

两栖纲 / 有尾目 / 蝾螈科

国家重点保护野生动物 二级　IUCN 红色名录 LC　CITES 附录 附录Ⅱ

形态特征

　　头部扁平，其长大于宽。吻长与眼径几乎等长。通身背面布满大小瘰疣，头侧具腺质棱脊，枕部具"V"形棱脊与体背正中脊棱相连，体背侧无肋沟，疣大而密，排成纵行。无颈褶，腹面有横缢纹；通身褐黑色或黄褐色，其色斑有变异。

分布

　　中国特有种。分布于安徽、浙江、福建。

越南瘰螈

Paramesotriton deloustali

两栖纲 / 有尾目 / 蝾螈科

形态特征

　　头大，头长与头宽几乎相等，或略大于头宽。吻端平截。背部呈深橄榄褐色，背外侧脊散布橙色斑点。头侧有腺质棱脊。尾端钝圆。

分布

　　国内分布于云南南部（近中越边境处）。国外分布于越南。

国家重点保护野生动物 二级　IUCN 红色名录 LC　CITES 附录 附录Ⅱ

富钟瘰螈

Paramesotriton fuzhongensis

两栖纲 / 有尾目 / 蝾螈科

国家重点保护野生动物 二级　IUCN 红色名录 VU　CITES 附录 附录 II

形态特征

　　头部扁平，头长大于头宽。鼻孔位于吻端外侧。头侧有腺质棱脊。整个背布满密集瘰疣，背部中央脊棱很明显；体背面两侧粒大，排列成纵行且延至尾的前半部。咽喉部有颗粒疣。腹面光滑。背面橄榄褐色或褐色，腹面黑色具不规则橘红色小斑点。

分布

　　中国特有种。分布于湖南、广西。

广西瘰螈

Paramesotriton guangxiensis

两栖纲 / 有尾目 / 蝾螈科

国家重点保护
野生动物
二级

IUCN
红色名录
EN

CITES
附录
附录 II

形态特征

头部扁平，头长大于头宽。吻长明显大于眼径，吻端平截。鼻孔位于吻端外侧。头侧具腺质棱脊，皮肤较粗糙，布满疣粒或痣粒，背部中央脊棱很明显，与枕部"V"形隆起相连接。无肋沟，体背面两侧疣粒大，排列成纵行延至尾的前半部。躯干和尾上有横沟纹。无颈褶，咽胸部和腹部有扁平疣。

分布

国内分布于广西。国外分布于越南。

香港瘰螈

Paramesotriton hongkongensis

两栖纲 / 有尾目 / 蝾螈科

形态特征

头部扁平，头长大于宽。吻端平截，鼻孔几近吻端。体两侧无肋沟，粒较大，形成纵棱。咽喉部有扁平，唇褶明显，体腹面有细沟纹。全身浅褐色或褐黑色。体腹面有橘红色圆斑块，大小较为一致且分布均匀。

分布

中国特有种。分布于广东、香港。

 国家重点保护
野生动物
二级

 IUCN
红色名录
NT

 CITES
附录
附录 II

无斑瘰螈

Paramesotriton labiatus

两栖纲 / 有尾目 / 蝾螈科

国家重点保护
野生动物
二级

IUCN
红色名录
NE

CITES
附录
附录Ⅱ

形态特征

头体背面皮肤较光滑。无瘰疣，有细缢纹。头侧无腺质棱脊，枕部有"V"形脊，背部脊棱细，略隆起，与头部"V"形脊相连。体背侧无肋沟。无颈褶，腹面有横缢纹。尾后部的背褶明显。通身背面橄榄褐色。体腹面浅褐色，有不规则橘红色斑；肛孔前部有黑色边，尾下缘呈橘红色。

分布

中国特有种。分布于广西。

龙里瘰螈

Paramesotriton longliensis

两栖纲 / 有尾目 / 蝾螈科

形态特征

皮肤布满疣粒和痣粒。体背脊棱隆起很高，体两侧疣粒较大而密，无肋沟。无颈褶。通身淡黑褐色，体背两侧疣粒上有黄色纵带纹或无。头体腹面有不规则的橘红色斑。尾下的橘红色斑约在尾后部逐渐消失。

分布

中国特有种。分布于湖北、重庆、贵州。

 国家重点保护
野生动物
二级

 IUCN
红色名录
VU

 CITES
附录
附录II

茂兰瘰螈

Paramesotriton maolanensis

两栖纲 / 有尾目 / 蝾螈科

形态特征

皮肤较光滑。头和体无瘰疣，体背脊棱很窄，体两侧无瘰疣组成的脊棱，无肋沟。无颈褶。通身褐色或黑褐色，背脊棱有不连续的黄色斑。头体腹面灰褐色，有不规则的橘红色斑；尾下缘橘红色。

分布

中国特有种。分布于贵州。

 国家重点保护
野生动物
二级

 IUCN
红色名录
DD

 CITES
附录
附录 II

七溪岭瘰螈

 国家重点保护
野生动物
二级

 IUCN
红色名录
VU

 CITES
附录
附录 II

Paramesotriton qixilingensis

两栖纲 / 有尾目 / 蝾螈科

形态特征

皮肤布满瘰疣，枕部 "V" 形隆起不明显。无肋沟，头部和体背面两侧瘰疣大，呈簇状，体侧、尾上和体腹部的纹不清楚；颈褶略显，咽喉部有纵缢纹。通身背面红褐色或橄榄褐色，腹面不规则的橘红色或棕黄色斑块较小。尾部颜色与体色相同，其腹缘为橘红色。

分布

中国特有种。分布于江西。

武陵瘰螈

Paramesotriton wulingensis

两栖纲 / 有尾目 / 蝾螈科

形态特征

　　皮肤较粗糙，头背有低的倒"V"形棱脊；头侧有腺质棱脊。额鳞弓的鳞骨部分比额骨部分细；背中央及两侧有3条纵行密集瘰疣，无肋沟；颈褶较明显。体、尾橄榄绿色，体背面3条橘黄色成黄褐色纵带纹，体腹面橘红色。

分布

　　中国特有种。分布于贵州、重庆。

 国家重点保护
野生动物
二级

 IUCN
红色名录
LC

 CITES
附录
附录Ⅱ

云雾瘰螈

Paramesotriton yunwuensis

两栖纲 / 有尾目 / 蝾螈科

形态特征

　　皮肤布满瘰疣，枕部"V"形隆起不明显。无肋沟，头部和体背面两侧有瘰疣，体侧的较大且排列成纵行延至尾的前部。体侧、尾上和体腹部有横纹。有颈褶，咽喉部有纵纹。背面红褐色或橄榄褐色，腹面有不规则的橘红色或棕黄色大斑块，其边缘具褐黑色边。

分布

　　中国特有种。分布于广东。

 国家重点保护
野生动物
二级

 IUCN
红色名录
EN

 CITES
附录
附录Ⅱ

织金瘰螈

Paramesotriton zhijinensis

两栖纲 / 有尾目 / 蝾螈科

 国家重点保护
野生动物
二级

 IUCN
红色名录
EN

 CITES
附录
附录 II

形态特征

皮肤布满疣粒和痣粒，背中央脊棱明显，无肋沟，躯干和尾部多具横沟纹；无颈褶。前足4个指，后足5个趾，无缘膜、无蹼。身体为黑褐色或浅褐色，体背侧至尾的两侧各有1条明显的棕黄色纵纹。腹面具橘红色或橘黄色斑点，多呈圆形、椭圆形或条形。前、后肢基部各具橘红色小圆斑。尾下部橘红色，在后段逐渐消失。

分布

中国特有种。分布于贵州。

抱龙角蟾

Boulenophrys baolongensis

两栖纲 / 无尾目 / 角蟾科

形态特征

背面皮肤较光滑，有小刺，体背后部和体侧有断续肤褶和疣粒，肛孔上方有"V"形肤褶。背面草棕色。两眼间有黑褐色三角斑。体背面有黑褐色斑纹，肩部形成对称的草绿色圆斑。四肢具深浅相间的横纹。咽喉中部和两侧各有1个镶浅色边的黑褐色纵斑。

分布

中国特有种。分布于重庆。

 国家重点保护
野生动物
二级

 IUCN
红色名录
NE

 CITES
附录
未列入

凉北齿蟾

Oreolalax liangbeiensis

两栖纲 / 无尾目 / 角蟾科

形态特征

　　背部疣粒较大而密集，粒上布满黑刺，体侧粒稀疏无大黑刺。腹面皮肤光滑，具腋腺和股后腺。通体背面浅褐色或深黄色，疣粒部位具褐色斑点。眼间无三角斑。四肢背面具3-5条褐横纹；整个腹面乳白色或灰黄色，无斑纹。

分布

　　中国特有种。分布于四川。

 国家重点保护
野生动物
二级

 IUCN
红色名录
CR

 CITES
附录
未列入

金顶齿突蟾

Scutiger chintingensis

两栖纲 / 无尾目 / 角蟾科

形态特征

　　通体背面疣长而显著，肩上方或体背侧中部具1对长弧形的腺褶，体背后部有长短不等的腺褶和小刺疣。背面棕红色，杂以金黄色和橄榄棕色细点。两眼间具棕黑色三角斑。整个腹面具灰棕色细麻斑。

分布

　　中国特有种。分布于四川。

 国家重点保护
野生动物
二级

 IUCN
红色名录
VU

  CITES
附录
未列入

九龙齿突蟾

Scutiger jiulongensis

两栖纲 / 无尾目 / 角蟾科

形态特征

　　无鼓膜和鼓环，耳柱骨短小。上颌无齿，无犁骨齿。通体背面皮肤松厚，具大而扁平的圆疣。整个腹面皮肤光滑或略显皱纹状，腋腺远小于胸腺。通体背面棕褐色或暗橄榄褐色。背部疣粒周围深褐色，形成圆形斑。腹面灰黄色，无斑纹。

分布

　　中国特有种。分布于四川。

 国家重点保护野生动物
二级

 IUCN 红色名录
EN

 CITES 附录
未列入

木里齿突蟾

Scutiger muliensis

两栖纲 / 无尾目 / 角蟾科

形态特征

　　鼓膜、鼓环和耳柱骨均无。上颌无齿，无犁骨齿。通体背面疣粒较小或不明显。整个腹面呈皱纹状，腋腺远小于胸腺，无股后腺。通体背面暗橄榄褐色，具深色斑。两眼间具棕黑色三角斑。腹部黄灰色。

分布

　　中国特有种。分布于四川。

 国家重点保护野生动物
二级

 IUCN 红色名录
EN

 CITES 附录
未列入

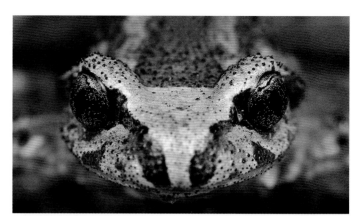

宁陕齿突蟾

Scutiger ningshanensis

两栖纲 / 无尾目 / 角蟾科

形态特征

鼓膜不明显。上颌有小齿，无犁骨齿。头部具黑刺。背部大疣粒排列成纵行（雄性）或断续形成4条纵肤褶（雌性），具黑刺。腋腺略小于胸腺，无股后腺。通体背部棕褐色，四肢背面浅褐色，枕部黑褐色斑延至背部。腹面灰色，杂以棕色麻斑。

分布

中国特有种。分布于陕西、河南。

 国家重点保护
野生动物
二级

 IUCN
红色名录
EN

 CITES
附录
未列入

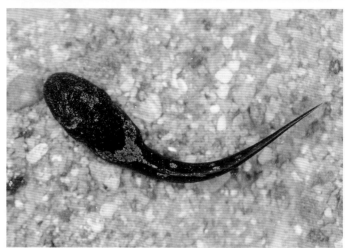

平武齿突蟾

Scutiger pingwuensis

两栖纲 / 无尾目 / 角蟾科

形态特征

鼓膜、鼓环和耳柱骨均无。无犁骨齿和上颌齿。除枕部光滑外，周身布满瘰疣，具小黑刺1-3枚，体侧的瘰疣10余枚。腋腺小于胸腺，无股后腺。通体背面橄榄棕色，其上缀以不规则橘黄色圆斑。腹面浅灰色，无明显斑纹。

分布

中国特有种。分布于四川、甘肃。

  国家重点保护
野生动物
二级

 IUCN
红色名录
EN

 CITES
附录
未列入

哀牢髭蟾

Vibrissaphora ailaonica

两栖纲 / 无尾目 / 角蟾科

形态特征

鼓膜隐蔽，有耳柱骨。无犁骨齿。通体背部具痣粒组成的网状肤棱，四肢背面肤棱呈纵行。腹面布满小疣粒，腋腺大，股后腺明显。通体背面灰紫色或灰褐色，杂有黑色斑。眼部上半部分为浅蓝色，下半部分为黄褐色。前肢横纹少而不明显，后肢横纹显著。腹面乳白色，布满黑色碎云斑。

分布

国内分布于云南。国外分布于越南。

 国家重点保护
野生动物
二级

 IUCN
红色名录
NT

 CITES
附录
未列入

峨眉髭蟾

Vibrissaphora boringii

两栖纲 / 无尾目 / 角蟾科

形态特征

鼓膜隐蔽或略显，有耳柱骨；上颌有齿，无犁骨齿。通体背部皮肤具网状肤棱，四肢背面细肤棱斜行，体和四肢腹面布满白色小颗粒。具腋腺和股后腺，胯部具1个月牙形白色斑。

分布

中国特有种。分布于重庆、四川、贵州、云南、湖南、广西。

 国家重点保护
野生动物
二级

 IUCN
红色名录
EN

 CITES
附录
未列入

雷山髭蟾

Vibrissaphora leishanensis

两栖纲 / 无尾目 / 角蟾科

形态特征

鼓膜略显。有耳柱骨。上颌有齿，无犁骨齿。皮肤松弛有皱纹，背部具痣粒组成的网状肤棱，四肢上更为明显，体侧疣多而显著。腹面布满白色痣粒。具腋腺和股后腺。通体背面蓝棕色或紫褐色，具不规则黑斑。眼上半浅绿色，下半深棕色。腹面散布灰白色小颗粒，胯部具1个白色月牙斑。

分布

中国特有种。分布于贵州。

 国家重点保护
野生动物
二级

 IUCN
红色名录
EN

 CITES
附录
未列入

原髭蟾

Vibrissaphora pronustache

两栖纲 / 无尾目 / 角蟾科

形态特征

鼓膜不显。上颌具齿，无犁骨齿。通体背面皮肤布满网状细肤棱。四肢背面具肤棱。体和四肢腹面具细小粒。体侧具小白疣，股腺不显。体和四肢背面灰红褐色，具黑色斑点，体后部和体侧斑点较多。雌蟾头侧为浅红褐色。眼球上部浅蓝色，下部黑色。四肢具黑褐色横纹。

分布

中国特有种。分布于云南。

 国家重点保护
野生动物
二级

 IUCN
红色名录
DD

 CITES
附录
未列入

南澳岛角蟾

Xenophrys insularis

两栖纲 / 无尾目 / 角蟾科

形态特征

　　鼓膜、鼓环圆形，明显。背部灰褐色或深橄榄色。眼间具一不完整的三角形斑。前臂有一明显的黑色斜带。后肢背侧具黑色横纹。吻端深棕色。眼下方具一竖直的深棕色斑纹。颞褶颜色浅。喉部、胸部及腹部前侧灰褐色，散布细小白点。四肢腹面灰白色。

分布

　　中国特有种。分布于广东南澳岛。

 国家重点保护野生动物 二级　　 **IUCN 红色名录** NE　　 **CITES 附录** 未列入

水城角蟾

Xenophrys shuichengensis

两栖纲 / 无尾目 / 角蟾科

形态特征

　　鼓膜显露，有耳柱骨。上颌有齿，有犁骨棱，尤犁骨齿。通体背面棕褐色，两眼间和体背面的肤棱部位色较深。咽胸部有褐色斑。腹前部斑块大。雄性无婚刺，无雄性线，亦无声囊。

分布

　　中国特有种。分布于贵州。

 国家重点保护野生动物 二级　　 **IUCN 红色名录** DD　　 **CITES 附录** 未列入

史氏蟾蜍

Bufo stejnegeri

两栖纲 / 无尾目 / 蟾蜍科

形态特征

　　无鼓膜，无耳柱骨。上颌无齿，无犁骨齿。皮肤粗糙，背面密布小锥状。两眼后各具1行小圆瘰粒排于耳后腺内侧，呈倒"八"字形，肩部背面小瘰粒排成"八"字形。背面具小圆瘰粒。腹面具扁平小疣。通体背面灰褐色或棕褐色，具1条浅色脊纹。背部黑纹呈"八"字形。

分布

　　国内分布于辽宁、吉林。国外分布于朝鲜。

 国家重点保护
野生动物
二级

 IUCN
红色名录
LC

 CITES
附录
未列入

鳞皮小蟾

Parapelophryne scalpta

两栖纲 / 无尾目 / 蟾蜍科

形态特征

　　鼓膜显著。瞳孔横椭圆形。无耳后腺。上颌无齿，无犁骨齿。体背腹面及体侧布满小疣粒，呈红棕色，眼后至胯部沿背侧排列成行。眼间有三角斑。四肢背面具白色刺疣。咽喉部至胸部疣粒密集似鳞状。肛孔上方被三角形皮褶所覆盖。

分布

　　中国特有种。分布于海南。

 国家重点保护
野生动物
二级

 IUCN
红色名录
VU

 CITES
附录
未列入

乐东蟾蜍

Qiongbufo ledongensis

两栖纲 / 无尾目 / 蟾蜍科

形态特征

　　鼓膜长椭圆形。上颌无齿，无犁骨齿。头顶皮肤光滑，紧贴头骨。背部具刺，雄蟾的刺较雌蟾密集。头体侧面及四肢背面白色锥状明显。体和四肢腹面均布满白刺疣。背面黄棕色或棕红色，具深棕色花斑。两眼间具褐色三角斑。腹面蓝灰色，具深灰色云斑。

分布

　　中国特有种。分布于广东、海南。

国家重点保护野生动物 二级	IUCN 红色名录 NE	CITES 附录 未列入

无棘溪蟾

Bufo aspinius

两栖纲 / 无尾目 / 蟾蜍科

国家重点保护
野生动物
二级

IUCN
红色名录
EN

CITES
附录
未列入

形态特征

无鼓膜和耳柱骨，耳后腺呈肾形，长约为宽的两倍。上颌无齿，无犁骨齿。通体背面较光滑，疣粒少，体侧及四肢背面圆疣多。腹面密布扁平小疣。各部疣粒顶端均无刺棘。头体和四肢背面灰棕色或浅棕黄色，无深色斑，背脊多具1条纵行灰白色细线纹。腹面灰白色，具不规则的黑纹。

分布

中国特有种。分布于云南。

虎纹蛙

Hoplobatrachus chinensis

两栖纲 / 无尾目 / 叉舌蛙科

形态特征

背面黄绿色或灰棕色，散布绿褐色斑纹。四肢横纹明显。体和四肢腹面肉色，咽、胸部具棕色斑，腹部具斑或无斑。雄性第一指上灰色婚垫发达；具1对咽侧下外声囊。

分布

国内分布于河南、陕西、安徽、江苏、上海、浙江、江西、湖北、湖南、福建、台湾、四川、云南、贵州、广东、广西、香港、澳门、海南，其中珠三角城市水域虎纹蛙多为饲养过程中逃逸，或群众放生后归化的种群，种源来自泰缅半岛，属于另一个谱系，在珠三角本土虎纹蛙种群因此极度萎缩。国外分布于缅甸、泰国、越南、柬埔寨、老挝。

 国家重点保护野生动物 二级　　 IUCN 红色名录 NE　　 CITES 附录 未列入

《国家重点保护野生动物名录》备注：仅限野外种群

脆皮大头蛙

Limnonectes fragilis

两栖纲 / 无尾目 / 叉舌蛙科

形态特征

皮肤较光滑且极易破裂，从眼后至背侧各有1条断续成行的窄长疣，但无背侧褶。通体背面棕红色，上、下唇缘具黑斑，背中部具1个"W"形黑色斑，有的个体有1条浅色脊线。四肢背面具黑色横斑3-4条。腹面浅黄色，咽喉部及后肢腹面具棕色小点。

分布

中国特有种。分布于海南。

 国家重点保护野生动物
二级

 IUCN 红色名录
VU

 CITES 附录
未列入

叶氏肛刺蛙

Yerana yei

两栖纲 / 无尾目 / 叉舌蛙科

形态特征

头宽大于头长。鼓膜圆不明显。颞褶明显。背面黄绿色或褐色。咽喉部具灰褐斑。腹面斑纹不显著或具碎斑。四肢腹面橘黄色，具褐色斑。背面布满疣粒。腹面均光滑。

分布

中国特有种。分布于河南。

 国家重点保护野生动物 二级　　 IUCN 红色名录 NE　　CITES 附录 未列入

海南湍蛙

Amolops hainanensis

两栖纲 / 无尾目 / 蛙科

形态特征

头的长宽几乎相等。鼓膜很小。无犁骨齿，下颌前侧具2个大的齿状骨突。通体背面橄榄色或褐黑色，具不规则黑色或橄榄色斑，上唇缘具深浅相间的纵纹。四肢背面横斑清晰，股后方具网状黑斑。腹面肉红色。雄蛙无婚垫，无声囊，亦无雄性线。

分布

中国特有种。分布于海南。

 国家重点保护
野生动物
二级

 IUCN
红色名录
EN

 CITES
附录
未列入

香港湍蛙

Amolops hongkongensis

两栖纲 / 无尾目 / 蛙科

国家重点保护
野生动物
二级

IUCN
红色名录
EN

CITES
附录
未列入

形态特征

　　头的长宽相等。鼓膜隐蔽。无犁骨齿，下颌前端齿状骨突弱。背面皮肤具许多小疣，体侧疣粒尤为突出。腹部皮肤光滑。通体背面褐色或灰褐色，疣粒顶端色浅，体背面具黑色斑纹，四肢背面具黑色横纹，股后面斑纹较醒目。腹面而无斑或具褐色斑。雄蛙第一指内侧具无色颗粒状婚垫。

分布

　　中国特有种。分布于广东、香港。

小腺蛙

Glandirana minima

两栖纲 / 无尾目 / 蛙科

形态特征

　　头长略大于头宽。鼓膜圆而大，略小于眼径，犁骨齿两小团。通体背面皮肤粗糙，布满纵行长肤棱及小白腺粒，多排列成8列左右。腹面皮肤光滑，胸侧和股后下方及肛周围具扁平状腺体，且密集。背面黄褐色具少数黑斑，有的有浅色脊线。四肢具横纹。腹面具深色小点。雄性第一指婚刺密集。

分布

　　中国特有种。分布于福建。

 国家重点保护
野生动物
二级

 IUCN
红色名录
EN

 CITES
附录
未列入

务川臭蛙

Odorrana wuchuanensis

两栖纲 / 无尾目 / 蛙科

形态特征

体背面具大疣粒，无背侧褶。体侧及股部背面具扁平疣粒。腹面皮肤光滑。背面绿色，疣粒周围具黑斑。四肢具深浅相间的多条横纹，股后具碎斑。腹面布满深灰色和黄色相间的网状斑块。

分布

中国特有种。分布于贵州、湖北、广西。

 国家重点保护野生动物 二级　 **IUCN 红色名录** VU　 **CITES 附录** 未列入

巫溪树蛙

Rhacophorus hongchibaensis

两栖纲 / 无尾目 / 树蛙科

国家重点保护
野生动物
二级

IUCN
红色名录
NE

CITES
附录
未列入

形态特征

体和四肢背面皮肤有小疣。体腹面及股部腹面密布扁平疣，咽喉部粒较小。通体背面浅绿色，具浅褐色大小斑点，斑点的边缘为深褐色。腹面乳白色，略显灰褐色小斑点或呈云斑状。雄蛙具单咽下内声囊；第一指基部有婚垫。

分布

中国特有种。分布于重庆。

老山树蛙

Rhacophorus laoshan

两栖纲 / 无尾目 / 树蛙科

形态特征

背面巧克力色、灰棕色或棕黄色。两眼间常具1条褐色横纹，肩部和背中部有1个粗大的"X"形褐色斑或不明显，有的个体在体背后部具大的褐色斑。四肢背面具褐色宽横纹。咽胸部、前肢浅紫褐色。腹部及四肢腹面为肉色，后肢折叠部位橘黄色。

分布

中国特有种。分布于广西、云南。

国家重点保护
野生动物
二级

IUCN
红色名录
DD

CITES
附录
未列入

罗默刘树蛙

Liuixalus romeri

两栖纲 / 无尾目 / 树蛙科

形态特征

通体背面多为棕色、棕褐色或浅橄榄褐色。两眼间具深色横纹或倒三角形斑，肩上方具1个"X"形深色斑，此斑之后还具1个倒"V"形斑纹。四肢背面具深色横纹。腹面布少数深色小点。

分布

中国特有种。分布于香港。

 国家重点保护
野生动物
二级

 IUCN
红色名录
EN

 CITES
附录
未列入

洪佛树蛙

Rhacophorus hungfuensis

两栖纲 / 无尾目 / 树蛙科

形态特征

鼓膜显著，距眼后角很近；犁骨齿两小团。背面布满均匀的小痣粒，不成刺状。咽胸部具少数扁平疣。腹部和股部腹面密布扁平疣。肯面绿色布稀疏的乳白色小斑点。体侧和隐蔽部位及指、趾吸盘为乳黄色。腹面淡黄色。

分布

中国特有种。分布于四川。

 国家重点保护
野生动物
二级

 IUCN
红色名录
DD

 CITES
附录
未列入

厦门文昌鱼

Branchiostoma belcheri

文昌鱼纲 / 文昌鱼目 / 文昌鱼科

形态特征

体长35-57毫米。体呈梭形，侧扁，两端尖，背部扁薄，腹部宽平，具2个腹褶。吻突尖直。口笠位于体前端腹面，边缘具口须，平均42条。眼不发达，仅为1个黑色小斑。肛门左侧位。身体两侧肌节明显，平均65节。背鳍薄膜状，低而长，尾鳍矛形。体半透明，具光泽，肌节和生殖腺清晰。吻、口笠、各鳍和侧褶均透明。

分布

分布于印度洋-西太平洋、东非等浅海区域。国内分布于福建、广东和海南等地沿海。

 国家重点保护
野生动物
二级

 IUCN
红色名录
NE

 CITES
附录
未列入

《国家重点保护野生动物名录》备注：仅限野外种群，原名"文昌鱼"

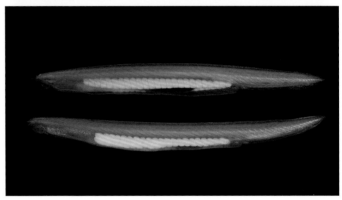

青岛文昌鱼

Branchiostoma tsingdauense

文昌鱼纲 / 文昌鱼目 / 文昌鱼科

 国家重点保护
野生动物
二级

 IUCN
红色名录
NE

 CITES
附录
未列入

《国家重点保护野生动物名录》备注：仅限野外种群

形态特征

平均体长约37毫米。体呈梭形，侧扁，两端尖，背部扁薄，腹部宽平，具2个腹褶。吻突尖直。口笠位于体前端腹面，边缘具33-59条口须。眼不发达，仅为1个黑色小斑。肛门左侧位。身体两侧肌节明显，平均67节。背鳍薄膜状，低而长。体半透明，具光泽，肌节和生殖腺清晰。吻、口笠、各鳍和侧褶均透明。

分布

国内分布于河北、山东和福建等地沿海。国外仅分布于日本。

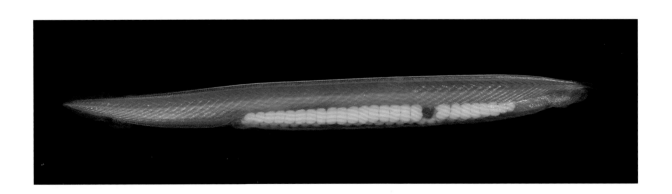

日本七鳃鳗

Lampetra japonica

圆口纲 / 七鳃鳗目 / 七鳃鳗科

形态特征

最大体长约630毫米。体呈鳗形，前部圆筒形，后部侧扁。口漏斗呈圆形吸盘状，无上下颌。口盘内角质齿黄色，内侧齿3对，无外侧齿。鳃孔每侧7个。肌节数68-74。体无鳞。两背鳍基底相连。尾鳍矛状，无胸鳍和腹鳍。体灰褐色或灰黄色。尾鳍黑色。

分布

国内分布于黑龙江、图们江等水系。日本海周边的日本、朝鲜和俄罗斯东部也有分布。

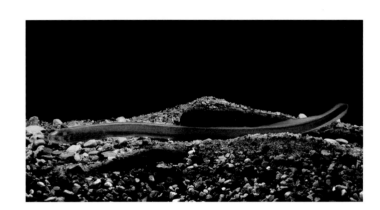

国家重点保护野生动物 二级

IUCN 红色名录 NE

CITES 附录 未列入

东北七鳃鳗

Lampetra morii

圆口纲 / 七鳃鳗目 / 七鳃鳗科

形态特征

最大体长约250毫米。体呈鳗形，前部圆筒形，后部侧扁。口漏斗呈圆形吸盘状，无上下颌。口盘内角质齿浅黄色，内侧齿3对，具外侧齿。两背鳍间具明显距离。鳃孔每侧7个。肌节数63-74。体无鳞。尾鳍矛状，无胸鳍和腹鳍。体灰褐色，腹部灰黄色。

分布

国内主要分布于鸭绿江水系。国外分布于朝鲜。

国家重点保护野生动物 二级

IUCN 红色名录 NE

CITES 附录 未列入

雷氏七鳃鳗

Lampetra reissneri

圆口纲 / 七鳃鳗目 / 七鳃鳗科

形态特征

　　最大体长约230毫米。体呈鳗形，前部圆筒形，后部侧扁。口漏斗呈圆形吸盘状，无上下颌。口盘内角质齿浅黄色，内侧齿3对，无外侧齿。鳃孔每侧7个。肌节数56-64。体无鳞。两背鳍基底相连。尾鳍矛状，无胸鳍和腹鳍。体背部暗褐色，腹部白色。尾鳍色淡。

分布

　　国内分布于黑龙江、图们江等水系。国外分布于蒙古、朝鲜、日本和俄罗斯东部。

 国家重点保护
野生动物
二级

 IUCN
红色名录
NE

 CITES
附录
未列入

姥鲨

Cetorhinus maximus

软骨鱼纲 / 鼠鲨目 / 姥鲨科

形态特征

　　仅次于鲸鲨的第二大滤食性鲨鱼，体长可达15米。体型巨大，呈纺锤形，躯干部粗壮。吻短且圆突。眼小，无瞬膜。鳃孔非常大，开口从体背一直到近腹缘。上下颌齿小且多，棘状，每行可达200枚以上。尾柄两侧各有1个侧突。背鳍2个。胸鳍镰刀状。尾鳍近新月形，上叶发达，其基底上、下方各有1个缺刻。体表灰褐色，腹部白色。

分布

　　全球亚寒带、温带海域广泛分布。国内分布于东海、黄海和台湾东北部海域。

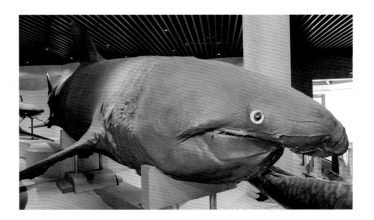

 国家重点保护
野生动物
二级

 IUCN
红色名录
EN

 CITES
附录
附录II

噬人鲨

Carcharodon carcharias

软骨鱼纲 / 鼠鲨目 / 鼠鲨科

形态特征

现存最凶猛的鲨类之一。体长可达12米。体呈纺锤形，躯干粗大。吻较短，钝尖。眼较小。齿大，呈三角形，边缘具锯齿。胸鳍宽大，呈镰形。背鳍2个，第一背鳍稍大，第二背鳍很小。胸鳍镰刀状。尾鳍新月形，其基底上、下方各有1个缺刻。体背青灰色或暗褐色，腹部白色。

分布

全球亚寒带、温带海域广泛分布。国内分布于东海、黄海和台湾东北部海域。

 国家重点保护野生动物 二级　　 **IUCN 红色名录** VU　　 **CITES 附录** 附录II

鲸鲨

Rhincodon typus

软骨鱼纲 / 须鲨目 / 鲸鲨科

形态特征

现存最大的滤食性鲨鱼，是最大的鲨类，也是最大的鱼类。体长可达20米。体型巨大，每侧具2条皮褶。口扁宽且大。吻短。上、下颌具唇褶。鼻孔位于吻端两侧。眼小，无瞬膜。喷水孔小，位于眼后。鳃裂5对，宽大，鳃弓具角质鳃耙，呈海绵状。背鳍2个，胸鳍宽大，尾鳍叉形。体表暗灰色、绿褐色或红褐色，散布淡色斑点和淡色带。

分布

全球热带、亚热带和温带海域广泛分布。国内分布于南海、东海、黄海。

 国家重点保护野生动物 二级　　 **IUCN 红色名录** EN　　 **CITES 附录** 附录II

黄魟

Dasyatis bennettii

软骨鱼纲 / 鲼目 / 魟科

 国家重点保护野生动物 二级

 IUCN 红色名录 NE

 CITES 附录 未列入

《国家重点保护野生动物名录》备注：仅限陆封种群

形态特征

最大体长约1米。体盘近圆形，吻端尖突。眼小，眼间隔宽平。口小，横裂，口底具乳突5个，中间3个显著。齿细小，铺石状排列。尾细长如鞭，尾前部具1或2个具锯齿的扁平尾刺。小鱼体完全光滑，大个体头后至尾刺前有1行纵行刺。体盘背面赤褐色，腹面乳白色。

分布

国内分布于东海和南海。陆封种群分布于珠江水系上游的广西南宁、龙州等地。

中华鲟

Acipenser sinensis

硬骨鱼纲 / 鲟形目 / 鲟科

形态特征

最大体长约4米，重可达600千克。体梭形，前部较粗，向后渐细。吻尖长。口下位，横裂。吻腹面具2对触须。体具5纵行硬鳞，背鳍前8-16块，背鳍后1-2块，体侧29-43块，腹侧13-17块。臀鳍前后各有1-2块硬鳞。尾鳍歪形。体侧上半部青灰色或灰褐色，下半部逐步由浅灰过渡到黄白色；腹部乳白色。

分布

国内分布于黄河、长江、钱塘江、闽江、珠江以及近海水域。国外分布于朝鲜西南部和日本九州西部。

 国家重点保护野生动物 一级

 IUCN 红色名录 CR

 CITES 附录 附录II

长江鲟

Acipenser dabryanus

硬骨鱼纲 / 鲟形目 / 鲟科

国家重点保护
野生动物
一级

IUCN
红色名录
CR

CITES
附录
附录 II

《国家重点保护野生动物名录》备注：原名"达氏鲟"

形态特征

最大体长约2.5米。背鳍48-53，臀鳍32-34。体长梭形，胸鳍前部平扁，后部侧扁。头呈楔头型。口下位，横裂。吻腹面具2对长触须。背鳍后位；尾鳍歪形。体具5纵行硬鳞，背鳍前有9-14块，背鳍后有1-2块；体侧31-40块，腹侧10-12块。体背部和侧板以上为灰黑色或灰褐色，侧骨板至腹骨板之间乳白色，腹部黄白色或乳白色。

分布

国内现仅分布于长江干支流，上溯可达乌江、嘉陵江、金沙江等支流。以往曾在黄河流域、黄海、东海和朝鲜汉江口有过记载。

鳇

Huso dauricus

硬骨鱼纲 / 鲟形目 / 鲟科

国家重点保护
野生动物
一级

IUCN
红色名录
CR

CITES
附录
附录 II

《国家重点保护野生动物名录》备注：仅限野外种群

形态特征

最大体长约5.6米，重可达1000千克。背鳍47-57，臀鳍26-40。体延长呈圆锥形。吻突出呈三角形。口下位，较大，似半月形。口前方有触须2对。鳃盖膜与峡部相连。尾鳍歪形。体具5纵行硬鳞，背侧12-15，体侧36-45，腹侧8-12。背部青绿色，体侧嵋淡，腹部白色。

分布

国内分布于黑龙江水系。鳇分为黑龙江河口种群、常年生活该河道种群及鄂霍次海与日本海沿岸淡化水域种群，我国境内的鳇属于第二类种群。

西伯利亚鲟

Acipenser baerii

硬骨鱼纲 / 鲟形目 / 鲟科

国家重点保护野生动物 二级　IUCN 红色名录 EN　CITES 附录 附录Ⅱ

《国家重点保护野生动物名录》备注：仅限野外种群

形态特征

最大体长约2米，重可达200千克。背鳍44-47，臀鳍28-30，胸鳍i-37-46，腹鳍28-29。体长筒状，背侧较窄。吻突出，平扁。口腹位，横裂状。吻腹面有须4条。背鳍后位，上缘微凹。尾鳍歪形，后缘凹形。体具5纵行硬鳞，均有棘状突起；体背14-16块，体侧46-49块，腹侧10-11块。在吻腹侧和身体各纵行硬鳞间，散布许多发达星状小鳞突。体侧灰褐色，腹侧银白色。

分布

国内分布于新疆额尔齐斯河流域。国外分布于鄂毕河至科雷马河等流域。

裸腹鲟

Acipenser nudiventris

硬骨鱼纲 / 鲟形目 / 鲟科

国家重点保护野生动物 二级　IUCN 红色名录 CR　CITES 附录 附录Ⅱ

《国家重点保护野生动物名录》备注：仅限野外种群

形态特征

最大体长约2米。背鳍44，臀鳍26，胸鳍i-35，腹鳍26。体长筒状，腹侧较宽坦，背侧较窄。头大，三角形，背侧被骨板。口横列，腹位。吻腹面有须4条，须长，向后不达口前缘。尾鳍歪形。体具5纵行骨板，以背部正中一行最大，背鳍前有15块；体侧有62块；腹侧有12块。体背青绿色，腹侧银白色。

分布

国内仅分布于新疆伊犁河。国外分布于多瑙河至咸海水系的锡尔河等流域。

小体鲟

Acipenser ruthenus

硬骨鱼纲 / 鲟形目 / 鲟科

 国家重点保护
野生动物
二级　　 IUCN
红色名录
VU　　 CITES
附录
附录II　　

《国家重点保护野生动物名录》备注：仅限野外种群

形态特征

　　最大体长约800毫米。背鳍41-48，臀鳍22-27。下唇中间中断。吻须较长，其突起发达。背部硬鳞13-16，体侧硬鳞60-71。

分布

　　国内仅分布于新疆额尔齐斯河流域。国外分布于黑海、里海、鄂毕河、叶尼塞河等水域。

施氏鲟

Acipenser schrenckii

硬骨鱼纲 / 鲟形目 / 鲟科

形态特征

　　最大体长约3米。背鳍40，臀鳍30，胸鳍35，腹鳍25。体长梭形。吻较短，前端尖细。口下位，横裂。口前方具触须2对，须基部有7粒疣状突起，故名七粒浮子。尾鳍歪形。体具5纵行硬鳞，背侧13块，体侧37块，腹侧11块。体侧及背部灰色或褐色，腹部银白色。

分布

　　国内分布于黑龙江水系。国外见于俄罗斯。

 国家重点保护
野生动物
二级　　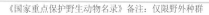 IUCN
红色名录
CR　　CITES
附录
附录II

《国家重点保护野生动物名录》备注：仅限野外种群

白鲟

Psephurus gladius

硬骨鱼纲 / 鲟形目 / 匙吻鲟科

 国家重点保护
野生动物
一级

 IUCN
红色名录
CR

 CITES
附录
附录II

形态特征

最大体长约7米，重可达908千克。背鳍46-53，臀鳍48-52，胸鳍33，腹鳍32。体长梭形，体表光滑无鳞，尾鳍上叶背面有8-11个棘状硬鳞。侧线完全。头较长，头长为体长一半以上。吻延长呈圆锥状，吻基部腹面具1对短须。

分布

中国特有种。分布于长江、黄河、海河、淮河、钱塘江等东部沿海江河，以及渤海、黄海和东海海域。

花鳗鲡

Anguilla marmorata

硬骨鱼纲 / 鳗鲡目 / 鳗鲡科

形态特征

最大体长约2米。体延长，躯干部圆柱形，尾部侧扁。背鳍、臀鳍起点间的垂直距离大于头长。背鳍起点距鳃孔较距肛门为近。体被细长小鳞，埋于皮下。体表具深褐色斑纹或斑点。

分布

印度洋-西太平洋周边国家均有分布。国内分布于长江以南各水系。

 国家重点保护
野生动物
二级

 IUCN
红色名录
LC

 CITES
附录
未列入

鲥

Tenualosa reevesii

硬骨鱼纲 / 鲱形目 / 鲱科

国家重点保护
野生动物
一级

IUCN
红色名录
DD

CITES
附录
未列入

形态特征

最大体长约600毫米。体呈长椭圆形，侧扁而高，腹部具棱鳞。头顶光滑。脂眼睑发达。前颌骨中央具一缺刻，下颌骨缝合处具一突起，口闭时上下凹凸相嵌。鳃耙细长密列，内侧鳃耙不外翻。鳞无孔。胸鳍和腹鳍基部具腋鳞。尾鳍深叉形。无侧线。体背部灰黑带蓝绿色光泽，体侧银白色，各鳍灰黄色。

分布

主要分布于太平洋西北沿岸。国内分布于沿海各主要水系。

双孔鱼

Gyrinocheilus aymonieri

硬骨鱼纲 / 鲤形目 / 双孔鱼科

形态特征

最大体长约150毫米。背鳍ii-9；臀鳍iii-5；胸鳍i-11-13；腹鳍i-7。侧线鳞40-41；背鳍前鳞15-19。体前部略呈圆筒形，向后渐侧扁。吻背面具一弧形凹陷。头后两侧各具上、下两鳃孔，上鳃孔缘有一能活动的薄膜。全体呈黑褐色或黑色，背部和体侧各具8-9个黑斑。幼鱼时体侧有明显的褐色纵条纹和细小斑点，成鱼则消失。

分布

国内仅见于澜沧江下游水系，主要在西双版纳的勐腊县和勐海县境内。国外主要分布于泰国、柬埔寨等国的山区河流中。

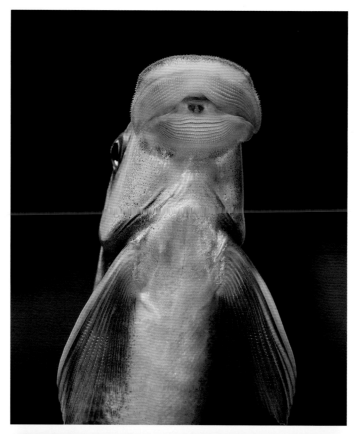

国家重点保护
野生动物
二级

IUCN
红色名录
LC

CITES
附录
未列入

《国家重点保护野生动物名录》备注：仅限野外种群

平鳍裸吻鱼

Psilorhynchus homaloptera

硬骨鱼纲 / 鲤形目 / 裸吻鱼科

形态特征

最大体长约90毫米。背鳍iii-7，胸鳍viii-7-9，腹鳍iii-6，臀鳍ii-5。侧线鳞42。体背缘弓形，胸腹部平直。下颌突露。无吻须。咽齿1行。鳔膜质，游离于腹腔。侧线平直完全。胸鳍宽大平展，具8根不分枝鳍条。腹鳍平展。尾鳍深叉形。体背侧褐色，沿侧线常有5-7块深褐色斑块，腹部色浅。

分布

国内分布于西藏雅鲁藏布江下游干支流。国外分布于印度布拉马普特拉河水系。

胭脂鱼

Myxocyprinus asiaticus

硬骨鱼纲 / 鲤形目 / 亚口鱼科

形态特征

最大体长约1米，重可达30千克。背鳍iii-50-57；臀鳍iii-10-14。侧线鳞48-53。体高而侧扁，头后背部显著隆起。吻钝圆，口下位。唇厚。无须。侧线完全，平直。体形和体侧在不同生长阶段变化很大。幼鱼体侧具3条宽黑横带，成鱼体呈胭脂红色或黄褐色，体侧具1条鲜红色纵带。

分布

中国特有种。主要分布于长江水系，也曾记录于闽江水系。

《国家重点保护野生动物名录》备注：仅限野外种群

唐鱼

Tanichthys albonubes

硬骨鱼纲 / 鲤形目 / 鲤科

形态特征

　　最大体长约30毫米。背鳍iii-6，臀鳍iii-7-8。纵列鳞30-32，横列鳞7-8，背鳍前鳞15-16。下咽齿2行。体细小，长而侧扁。吻短而圆钝。口裂下斜，下颌突出于上颌之前，无须。无侧线。背鳍起点显著在腹鳍起点之后。尾鳍叉形。生活时体侧鲜艳，体侧具一金黄色与银蓝色相间的纵纹；背鳍、臀鳍和腹鳍边缘具亮白色条纹；尾鳍中部红色，基部具一大黑斑。

分布

　　国内分布于广东、海南和广西。国外分布于越南中部和北部。

 国家重点保护野生动物 二级　　 **IUCN红色名录** DD　　 **CITES附录** 未列入

《国家重点保护野生动物名录》备注：仅限野外种群

稀有鮈鲫

Gobiocypris rarus

硬骨鱼纲 / 鲤形目 / 鲤科

形态特征

　　最大体长约60毫米。背鳍iii-6-7，臀鳍iii-6-7。纵列鳞31-33；侧线不完全，体前部6-16个鳞片具侧线孔；背鳍前鳞13-14。体稍侧扁。腹部圆，不具腹棱。上下颌边缘平滑，不具相吻合的突起和凹陷。无口须。眼后头长显著大于吻长，眼间距大于吻长。体被圆鳞，侧线不完全，后端呈断续状，最长可超过腹鳍基部。背部和体侧上部黄灰色或青灰色，体侧下部和腹部银白色；侧线上方有一较宽的黑色纵纹，有的个体不明显；尾鳍基中部有一小黑斑。

分布

　　中国特有种。仅分布于长江上游的大渡河支流和四川成都附近的小河流中。

 国家重点保护野生动物 二级　　 **IUCN红色名录** NE　　 **CITES附录** 未列入

《国家重点保护野生动物名录》备注：仅限野外种群

鯮

Luciobrama macrocephalus

硬骨鱼纲 / 鲤形目 / 鲤科

形态特征

最大体长约1.5米。背鳍iii-8，臀鳍iii-10-11。侧线鳞134-152；背鳍前鳞87-102。体低而延长，稍侧扁，背缘平直，腹部圆。头尖长。吻长，似鸭嘴。下颌突出于上颌之前。体被细小圆鳞。侧线完全。体背部青灰色，体侧和腹部银白色。

分布

国内分布于黑龙江、长江和珠江等水系。国外分布于越南。

多鳞白鱼

Anabarilius polylepis

硬骨鱼纲 / 鲤形目 / 鲤科

形态特征

最大体长约260毫米。背鳍iii-7，臀鳍iii-12-15。侧线鳞66-78。围尾柄鳞20-22。鳃耙22-34。体侧扁，头后背部稍隆起。口端位，上下颌等长或下颌稍突出，下颌前端小突起嵌入上颌凹陷处。无须。自腹鳍基部至肛门具腹棱。尾鳍叉形。腹鳍基具一腋鳞。背鳍末根不分枝鳍条为后缘光滑的硬刺。体呈银白色，背部灰褐色，体侧呈淡蓝色反光。

分布

中国特有种。分布于云南滇池。

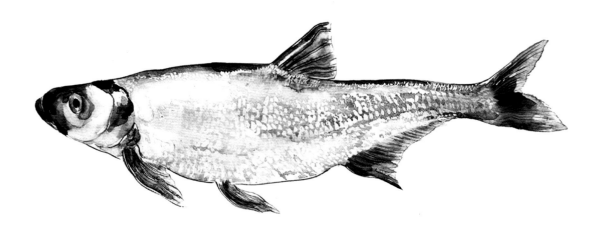

山白鱼

Anabarilius transmontanus

国家重点保护野生动物 二级 　IUCN红色名录 DD 　CITES附录 未列入

硬骨鱼纲 / 鲤形目 / 鲤科

形态特征

最大体长约170毫米。背鳍iii-7，臀鳍iii-8-9。侧线鳞54-57。鳃耙11-14。体侧扁，头后背部隆起。口端位，上下颌等长，下颌前端小突起嵌入上颌凹陷处。无须。自腹鳍基部至肛门具腹棱。尾鳍叉形。腹鳍基具一腋鳞。背鳍末根不分枝鳍条多半分节，末端柔软。体呈银白色，背部灰黑色，腹部和鳍白色。

分布

国内分布于云南大屯湖和文山的盘龙河等水域。

北方铜鱼

Coreius septentrionalis

国家重点保护野生动物 一级 　IUCN红色名录 NE 　CITES附录 未列入

硬骨鱼纲 / 鲤形目 / 鲤科

形态特征

最大体长约340毫米。背鳍iii-7，臀鳍iii-6。侧线鳞54-56。体前部圆筒形，后部侧扁。口小，马蹄形，略宽。下颌前端较宽，中央常略凹。下咽齿末端斜切。口角须1对，末端超过前鳃盖骨后缘。胸鳍末端不伸达腹鳍基。体背部青黄色，体侧上部具青紫色斑块，腹部银白而带淡黄色。背鳍灰黑色，其余各鳍灰黄色。

分布

中国特有种。分布于黄河水系。

圆口铜鱼

Coreius guichenoti

硬骨鱼纲 / 鲤形目 / 鲤科

形态特征

最大体长约350毫米。背鳍iii-7，臀鳍iii-6。侧线鳞55-58。体前部圆筒形，后部稍侧扁。口大，宽圆，弧形。具1对粗长须，后伸达胸鳍基部。胸鳍宽长，末端远超过腹鳍基部。体黄铜色，具金属光泽，有时为肉色。各鳍基部黄色或肉色，余部灰黑色。

分布

中国特有种。分布于长江上中游的干支流中。

 国家重点保护野生动物 二级　 **IUCN红色名录** NE　 **CITES附录** 未列入

《国家重点保护野生动物名录》备注：仅限野外种群

大鼻吻鮈

Rhinogobio nasutus

硬骨鱼纲 / 鲤形目 / 鲤科

形态特征

最大体长约300毫米。背鳍iii-7，臀鳍iii-6。侧线鳞49-50。体长，圆筒形，腹部圆。眼甚小。须1对。肛门位置靠近臀鳍起点。胸部鳞片细小。侧线完全。背鳍第一根分枝鳍条不延长。体背和体侧青灰色，腹部灰白色。

分布

中国特有种。分布于黄河水系中上游。

 国家重点保护野生动物 二级　 **IUCN红色名录** NE　 **CITES附录** 未列入

长鳍吻鮈

Rhinogobio ventralis

硬骨鱼纲 / 鲤形目 / 鲤科

形态特征

最大体长约200毫米。背鳍iii-7，臀鳍iii-6。侧线鳞47-49。体较高，稍侧扁。须1对。腹部鳞片较体侧鳞小。侧线完全。背鳍第一根分枝鳍条延长，其超过头长。体背和体侧紫褐色，腹部白色。各鳍基部黄色，余部灰色。

分布

中国特有种。分布于长江中上游。

 国家重点保护
野生动物
二级

 IUCN
红色名录
NE

 CITES
附录
未列入

平鳍鳅鮀

Gobiobotia homalopteroidea

硬骨鱼纲 / 鲤形目 / 鲤科

 国家重点保护
野生动物
二级

 IUCN
红色名录
NE

 CITES
附录
未列入

形态特征

最大体长约80毫米。背鳍iii-7，臀鳍iii-6。侧线鳞41-43。体长圆筒形，后部稍侧扁。眼小，头长超过眼径的7倍。须4对。胸腹部裸露区可达臀鳍起点。鳔小，包在骨膜囊内。尾鳍叉形，下叶长于上叶。体背灰褐色，腹部灰黄色。头顶后部具一明显小黑斑，横跨体背中线有8-10个黑斑。体侧具一浅褐色纵纹。

分布

中国特有种。分布于黄河中上游。

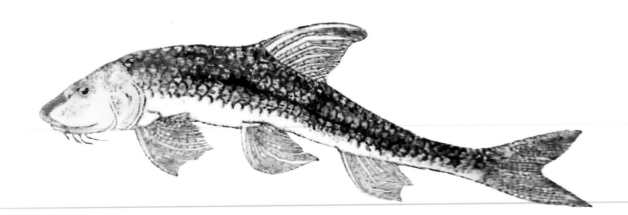

单纹似鱤

Luciocyprinus langsoni

硬骨鱼纲 / 鲤形目 / 鲤科

形态特征

最大体长约800毫米。背鳍iv-8，臀鳍iii-5。侧线鳞90-103。脊椎骨52-54。下咽齿8枚。体修长，圆筒形，腹部圆。吻尖。无须。鳞细小。侧线平直。体背青灰带暗红色，体侧银灰略带黄色，腹部银白色。体侧具一黑色宽带。胸鳍、腹鳍和尾鳍灰黑带橘红色，尾柄背面鲜红色。

分布

国内分布于珠江水系的南盘江等上游支流。国外分布于越南。

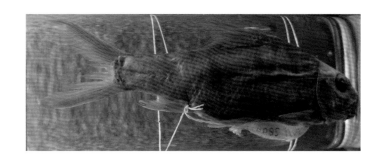
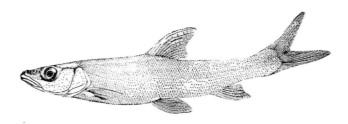

 国家重点保护野生动物 二级　 IUCN 红色名录 VU　 CITES 附录 未列入

金线鲃属所有种

Sinocyclocheilus spp.

硬骨鱼纲 / 鲤形目 / 鲤科

形态特征

体延长或较高，侧扁。头后背部正常、稍隆或急剧隆起，部分种有明显的角状突起。吻较尖或钝圆，向前突出。唇稍肥厚，包于颌外表。具吻须和口角须各1对，不同种须的发达程度存在差异。全身被鳞，或局部裸露，或全身裸露。侧线完全。地面类型的体色多黄褐色，散布黑色斑点；洞穴类型的身体色素通常有不同程度的退化，通体浅褐色至粉红色不等。

分布

金线鲃属鱼类为国内特有，主要分布于国内西南地区的珠江和长江的上游支流。

角金线鲃 *Sinocyclocheilus angularis*

安水金线鲃 *Sinocyclocheilus anshuiensis*

 国家重点保护野生动物 二级　 IUCN 红色名录 NE　 CITES 附录 未列入

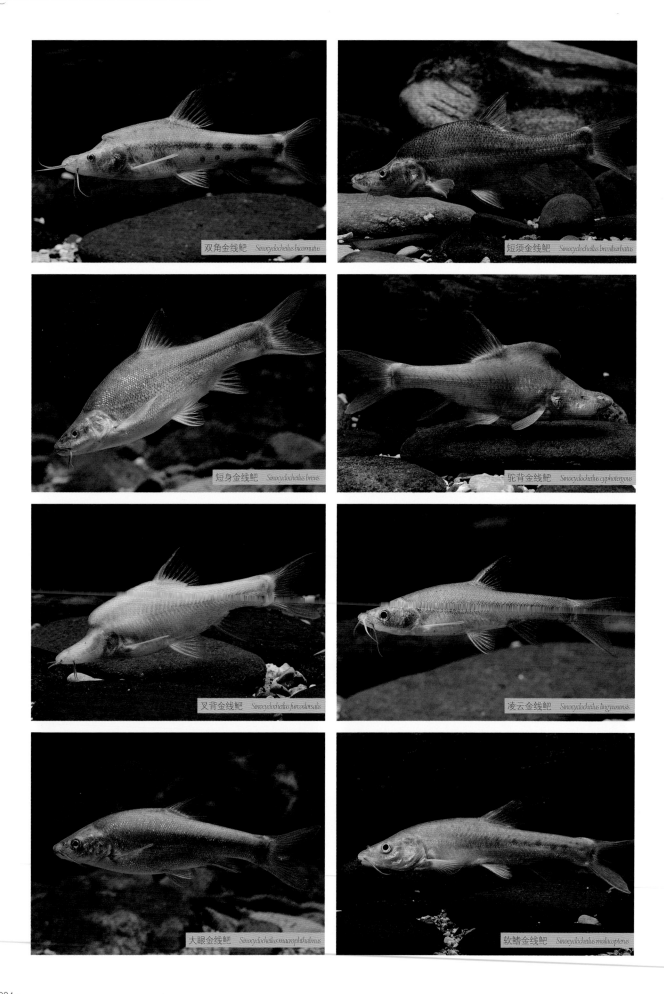

双角金线鲃 *Sinocyclocheilus bicornutus*

短须金线鲃 *Sinocyclocheilus brevibarbatus*

短身金线鲃 *Sinocyclocheilus brevis*

驼背金线鲃 *Sinocyclocheilus cyphotergous*

叉背金线鲃 *Sinocyclocheilus furcodorsalis*

凌云金线鲃 *Sinocyclocheilus lingyunensis*

大眼金线鲃 *Sinocyclocheilus macrophthalmus*

软鳍金线鲃 *Sinocyclocheilus malacopterus*

小眼金线鲃 *Sinocyclocheilus microphthalmus*

多斑金线鲃 *Sinocyclocheilus multipunctatus*

犀角金线鲃 *Sinocyclocheilus rhinocerous*

天峨金线鲃 *Sinocyclocheilus tianeensis*

田林金线鲃 *Sinocyclocheilus tianlinensis*

长须金线鲃 *Sinocyclocheilus longibarbatus*

宜山金线鲃 *Sinocyclocheilus yishanensis*

大头金线鲃 *Sinocyclocheilus macrocephalus*

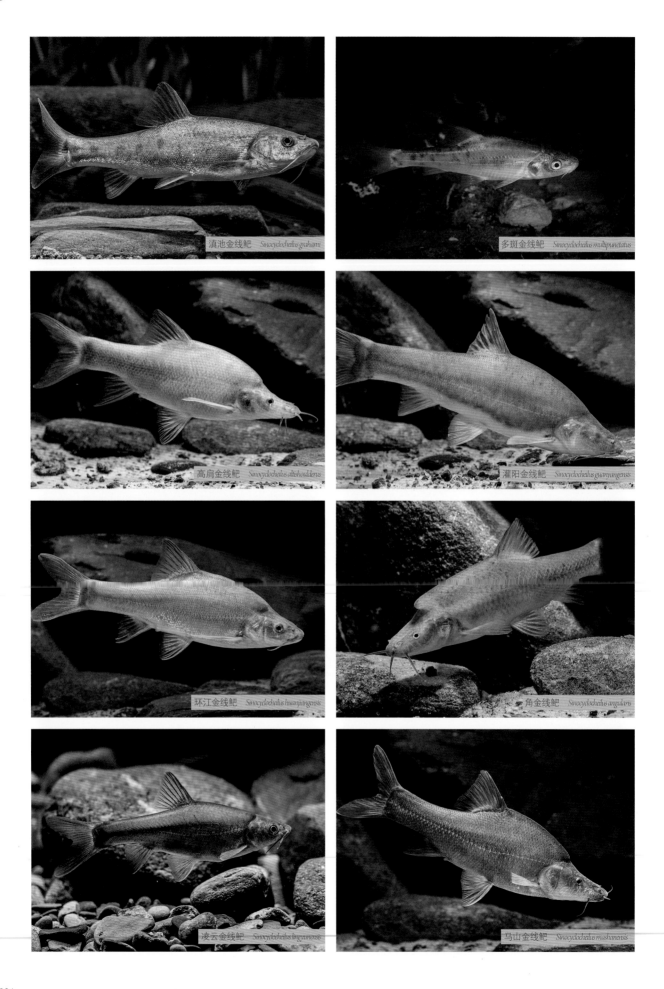

滇池金线鲃 *Sinocyclocheilus grahami*

多斑金线鲃 *Sinocyclocheilus multipunctatus*

高肩金线鲃 *Sinocyclocheilus altishoulderus*

灌阳金线鲃 *Sinocyclocheilus guanyangensis*

环江金线鲃 *Sinocyclocheilus huanjiangensis*

角金线鲃 *Sinocyclocheilus angularis*

凌云金线鲃 *Sinocyclocheilus lingyunensis*

马山金线鲃 *Sinocyclocheilus mashanensis*

田林金线鲃 *Sinocyclocheilus tianlinensis*

驼背金线鲃 *Sinocyclocheilus cyphotergous*

犀角金线鲃 *Sinocyclocheilus rhinocerous*

小眼金线鲃 *Sinocyclocheilus microphthalmus*

鹰嘴角金线鲃 *Sinocyclocheilus aquahornes*

长须金线鲃 *Sinocyclocheilus longibarbatus*

贞丰金线鲃 *Sinocyclocheilus zhenfengensis*

四川白甲鱼

Onychostoma angustistomata

硬骨鱼纲 / 鲤形目 / 鲤科

国家重点保护野生动物 二级   IUCN红色名录 NE   CITES附录 未列入

形态特征

　　最大体长约190毫米。背鳍iv-8，臀鳍iii-5。侧线鳞49-51，背鳍前鳞14-15。第一鳃弓外鳃耙31-38。体侧扁，腹部圆。吻钝圆。下颌具锐利角质前缘。须2对。侧线完全。背鳍末根不分枝鳍条为粗壮硬刺，后缘具强锯齿。尾鳍叉形。体背部青灰色，体侧和腹部银白色。

分布

　　中国特有种。分布于长江中上游。

多鳞白甲鱼

Onychostoma macrolepis

硬骨鱼纲 / 鲤形目 / 鲤科

国家重点保护野生动物 二级   IUCN红色名录 NE   CITES附录 未列入

《国家重点保护野生动物名录》备注：仅限野外种群

形态特征

　　最大体长约150毫米。背鳍iv-8，臀鳍iii-5。侧线鳞50-53，背鳍前鳞20-25。第一鳃弓外鳃耙22-26。体侧扁，腹部圆。吻钝圆。下颌具锐利角质前缘。须2对，细小。侧线完全。背鳍末根不分枝鳍条柔软不变粗，后缘无锯齿。尾鳍叉形。体背和体侧灰黄色，腹部白色。体侧鳞片后部具新月形黑斑。背鳍和臀鳍具红色条纹，胸鳍和腹鳍橘黄色，尾鳍橘红色。

分布

　　中国特有种。分布于长江、渭河、淮河及海河上游。

金沙鲈鲤

Percocypris pingi

硬骨鱼纲 / 鲤形目 / 鲤科

形态特征

最大体长约400毫米。背鳍iv-8，臀鳍iii-5。侧线鳞53-60，背鳍前鳞29-35。体延长，侧扁，头后背部稍隆起。吻稍尖长。须2对，发达，吻须达眼下缘，口角须等于或稍长于吻须。背鳍起点至尾鳍基的距离大于至眼后缘的距离。腹鳍末端至臀鳍起点的距离大于或等于吻长。尾鳍叉形。体侧的黑色斑点排成整齐的纵行条纹。体背和体侧黄灰色，腹部白色。

分布

中国特有种。分布于金沙江水系。

 国家重点保护
野生动物
二级

 IUCN
红色名录
NT

 CITES
附录
未列入

《国家重点保护野生动物名录》备注：仅限野外种群

花鲈鲤

Percocypris regani

硬骨鱼纲 / 鲤形目 / 鲤科

形态特征

最大体长约400毫米。背鳍iv-8，臀鳍iii-5。侧线鳞52-63，背鳍前鳞29-35。体延长，略侧扁，头后背部稍隆起。吻端圆钝。下颌突出于上颌，口亚上位。须2对，发达，吻须达眼下缘，口角须等于或稍长于吻须。背鳍起点至尾鳍基的距离大于至眼后缘的距离。腹鳍末端至臀鳍起点的距离小于吻长。尾鳍叉形。体侧的黑色斑点分散，不成行。

分布

国内分布于澜沧江和南盘江水系。

 国家重点保护
野生动物
二级

 IUCN
红色名录
NE

 CITES
附录
未列入

《国家重点保护野生动物名录》备注：仅限野外种群

后背鲈鲤

Percocypris retrodorslis

硬骨鱼纲 / 鲤形目 / 鲤科

 国家重点保护
野生动物
二级

 IUCN
红色名录
NE

 CITES
附录
未列入

《国家重点保护野生动物名录》备注：仅限野外种群

形态特征

体长超过210毫米。背鳍iv-8，臀鳍iii-5。侧线鳞54-57，背鳍前鳞32-35。体延长，略侧扁，头后背部稍隆起。下颌稍突出。须2对，发达，口角须稍长于吻须。背鳍起点至尾鳍基的距离小于或等于至眼后缘的距离。腹鳍末端至臀鳍起点的距离小于吻长。尾鳍叉形。体侧的黑色斑点分散，不成条纹。

分布

国内分布于澜沧江和怒江水系。

张氏鲈鲤

Percocypris tchangi

硬骨鱼纲 / 鲤形目 / 鲤科

 国家重点保护
野生动物
二级

 IUCN
红色名录
DD

CITES
附录
未列入

《国家重点保护野生动物名录》备注：仅限野外种群

形态特征

体长超过200毫米。背鳍iv-8，臀鳍iii-5。体侧扁。须2对。背鳍起点至尾鳍基的距离小于至眼后缘的距离。体侧具一黑色宽纵带。幼鱼体背侧散布小黑斑，成鱼不明显。

分布

国内分布于澜沧江流域。国外分布于越南。

裸腹盲鲃

Typhlobarbus nudiventris

硬骨鱼纲 / 鲤形目 / 鲤科

形态特征

最大体长可达50毫米。背鳍 ii-8，臀鳍 ii-5。体延长，前躯略平扁，胸腹部平坦。吻圆钝。下颌联合处有一小突起，上颌无相应缺刻。须2对。眼退化，仅留痕迹，眼窝凹陷。前背部和胸腹部裸露无鳞。尾鳍叉形。生活时体半透明，隐现淡红色，腹部可见灰黑色肠含物。鳃部血红色。

分布

中国特有种。分布于云南建水。

角鱼

Akrokolioplax bicornis

硬骨鱼纲 / 鲤形目 / 鲤科

形态特征

最大体长约150毫米。背鳍 iii-8，臀鳍 iii-5。侧线鳞36-37，背鳍前鳞9-10。吻部前侧面具1对能活动的三角形侧小叶。上唇消失，下唇厚。须2对。侧线完全。尾鳍深叉形。体背和体侧青黑色，杂有浅色斑纹，腹面灰白色；尾鳍基部常有一不明显的黑斑。

分布

国内分布于云南怒江水系。

骨唇黄河鱼

Chuanchia labiosa

硬骨鱼纲 / 鲤形目 / 鲤科

 国家重点保护
野生动物
二级

 IUCN
红色名录
NE

CITES
附录
未列入

形态特征

　　体长可超过180毫米。背鳍iii-7-8，臀鳍iii-5。第一鳃弓外侧鳃耙数14-18，内侧23-29。下咽齿2行。体稍侧扁。口下位。下颌角质前缘向上倾斜。下唇完整不分叶，表面光滑无乳突，唇后沟连续。无须。除臀鳞和肩带部分的少数几枚不规则鳞片外，全体裸露无鳞。侧线完全。背鳍末根不分枝鳍条强壮，后缘具锯齿。尾鳍叉形。体背和体侧银灰色，腹部白色。体侧或杂有黑色小斑点。

分布

　　中国特有种。分布于黄河上游。

极边扁咽齿鱼

Platypharodon extremus

硬骨鱼纲 / 鲤形目 / 鲤科

 国家重点保护
野生动物
二级

 IUCN
红色名录
NE

CITES
附录
未列入

《国家重点保护野生动物名录》备注：仅限野外种群

形态特征

　　最大体长约350毫米。背鳍iii-7，臀鳍iii-5。第一鳃弓外侧鳃耙数16-22，内侧22-25。下咽齿2行。体侧扁。口下位。下颌角质发达，形成锐利角质前缘。下唇细狭，仅限于两侧口角处，唇后沟中断。无须。下咽骨宽阔，略呈三角形。下咽齿侧扁，顶端平截。身体裸露无鳞，肩鳞亦完全退化或仅留痕迹。侧线完全。背鳍末根不分枝鳍条强壮，后缘具齿。尾鳍叉形。体背和体侧银灰色、黄灰或青灰色，腹部白色。

分布

　　中国特有种。分布于黄河上游。

细鳞裂腹鱼

Schizothorax chongi

硬骨鱼纲 / 鲤形目 / 鲤科

 国家重点保护野生动物 二级　 IUCN红色名录 NE　CITES附录 未列入

《国家重点保护野生动物名录》备注：仅限野外种群

形态特征

最大体长约310毫米。背鳍iii-8，臀鳍iii-5。侧线鳞92-106，侧线上鳞33-45。下咽齿3行。体侧扁。口下位。下颌具锐利角质前缘。下唇游离缘中部凹入，呈弧形，表面具乳突，唇后沟连续。须2对。峡部后的胸腹部具明显鳞片。侧线完全。背鳍末根不分枝鳍条较强，后缘具明显锯齿。尾鳍叉形。体背和体侧蓝灰色，腹部白色。

分布

中国特有种。分布于长江干流和岷江下游。

巨须裂腹鱼

Schizothorax macropogon

硬骨鱼纲 / 鲤形目 / 鲤科

形态特征

最大体长约450毫米。背鳍iii-7-8，臀鳍iii-5。侧线鳞92-101，侧线上鳞31-33。第一鳃弓外侧鳃耙数17-24，内侧22-27。下咽齿3行。体稍侧扁。口下位。下颌无锐利角质前缘。下唇分2叶，不发达，表面具许多小乳突。唇后沟不连续。须2对，发达。体被细鳞，整个胸腹部具鳞。侧线完全。腹鳍起点位于背鳍起点之前下方。背鳍末根不分枝鳍条强壮，其后缘每侧具明显锯齿。尾鳍叉形。体背部和体侧青灰色，体侧具少数暗斑。腹部白色。各鳍浅橘红色。

分布

国内分布于西藏雅鲁藏布江水系。

 国家重点保护野生动物 二级　 IUCN红色名录 NT　 CITES附录 未列入

重口裂腹鱼

Schizothorax davidi

硬骨鱼纲 / 鲤形目 / 鲤科

形态特征

最大体长约410毫米。背鳍iii-8，臀鳍iii-5。侧线鳞96-106，侧线上鳞17-23。第一鳃弓外侧鳃耙数14-16，内侧21-26。下咽齿3行。体稍侧扁。口下位。下颌无锐利角质前缘。下唇发达，分3叶，具中间叶。唇后沟连续。须2对。体被细鳞，整个胸腹部具鳞。侧线完全。背鳍末根不分枝鳍条软弱。尾鳍叉形。体背部和体侧银灰色或黄褐色，有或无黑色斑点，腹部白色或黄白色；各鳍浅棕红色。

分布

中国特有种。分布于嘉陵江、沱江和岷江。

 国家重点保护
野生动物
二级

 IUCN
红色名录
NE

 CITES
附录
未列入

《国家重点保护野生动物名录》备注：仅限野外种群

拉萨裂腹鱼

Schizothorax waltoni

硬骨鱼纲 / 鲤形目 / 鲤科

 国家重点保护
野生动物
二级

 IUCN
红色名录
LC

 CITES
附录
未列入

《国家重点保护野生动物名录》备注：仅限野外种群

形态特征

　　最大体长约450毫米。背鳍iii-7-8，臀鳍iii-5。侧线鳞92-101，侧线上鳞31-33。第一鳃弓外侧鳃耙数17-22，内侧25-32。下咽齿3行。体稍侧扁。口下位。下颌无锐利角质前缘。下唇发达，分2叶，较小个体具中间叶。唇后沟连续。须2对，口角须稍长。体被细鳞，整个胸腹部具鳞。侧线完全。腹鳍起点位于背鳍起点之前下方。背鳍末根不分枝鳍条强壮，其后缘每侧具明显锯齿。尾鳍叉形。体背部和体侧蓝灰色或青灰色，腹部白色；较大个体体侧具黑斑；各鳍浅黄色。

分布

　　国内分布于西藏雅鲁藏布江水系。

塔里木裂腹鱼

Schizothorax biddulphi

硬骨鱼纲 / 鲤形目 / 鲤科

国家重点保护野生动物 二级　　IUCN红色名录 NE　　CITES附录 未列入

《国家重点保护野生动物名录》备注：仅限野外种群

形态特征

最大体长可达490毫米。背鳍iii-7-9，臀鳍iii-5。侧线鳞98-110，侧线上鳞31-36。第一鳃弓外侧鳃耙数16-22，内侧22-27。下咽齿3行。体稍侧扁。吻尖。口亚下位。下颌无锐利角质前缘。下唇细狭，分为左右2叶，表面光滑无乳突，唇后沟中断。须2对。峡部后的胸部裸露无鳞。侧线完全。背鳍末根不分枝鳍条强壮，后缘具锯齿。尾鳍叉形。体背蓝灰色或灰褐色，腹侧灰白色；部分较小个体的体侧有少数小斑点；各鳍灰褐色至浅黄色。

分布

中国特有种。分布于新疆塔里木河水系。

大理裂腹鱼

Schizothorax taliensis

硬骨鱼纲 / 鲤形目 / 鲤科

国家重点保护野生动物 二级　　IUCN红色名录 NE　　CITES附录 未列入

《国家重点保护野生动物名录》备注：仅限野外种群

形态特征

最大体长可达220毫米。背鳍iii-7-8，臀鳍iii-5。侧线鳞95-109，侧线上鳞24-29。第一鳃弓外侧鳃耙数21-25，内侧29-36。下咽齿3行。体稍侧扁。口端位。下颌不形成锐利角质前缘。下唇细狭，分左右2叶，表面光滑无乳突，唇后沟中断。须2对。峡部之后的胸腹部裸露无鳞。侧线完全。背鳍末根不分枝鳍条弱，后缘具细锯齿。尾鳍叉形。全身银白闪亮，背部青色。

分布

中国特有种。分布于云南大理洱海。

扁吻鱼

Aspiorhynchus laticeps

硬骨鱼纲 / 鲤形目 / 鲤科

《国家重点保护野生动物名录》备注：原名"新疆大头鱼"

形态特征

最大体长可达430毫米。背鳍iii-7，臀鳍iii-5。侧线鳞103-111。第一鳃弓外侧鳃耙数10-12，内侧15-18。下咽齿3行。体侧扁，吻宽平。口宽，斜裂。下颌前端厚，唇后沟中断。须1对。体被细鳞，胸部裸露无鳞。侧线完整。背鳍末根不分枝鳍条强壮，后缘具锯齿。尾鳍叉形。体背青灰色，腹部银白色，体表具不规则的黑斑。

分布

中国特有种。分布于新疆塔里木河水系。

厚唇裸重唇鱼

Gymnodiptychus pachycheilus

硬骨鱼纲 / 鲤形目 / 鲤科

国家重点保护野生动物 二级 ／ IUCN 红色名录 NE ／ CITES 附录 未列入

《国家重点保护野生动物名录》备注：仅限野外种群

形态特征

最大体长可达370毫米。背鳍iii-8，臀鳍iii-5。第一鳃弓外侧鳃耙数16-19，内侧24-26。下咽齿2行。体稍侧扁。口下位。下唇发达，左右下唇叶在前方相连接，唇后沟连续。须1对。除臀鳞和肩鳞外，全身裸露无鳞。侧线完全。背鳍末根不分枝鳍条弱，柔软光滑。尾鳍叉形。体灰褐色，密布黑褐色点状斑；背鳍和尾鳍具黑褐色细斑。

分布

中国特有种。分布于长江和黄河上游高原地区。

斑重唇鱼

Diptychus maculatus

硬骨鱼纲 / 鲤形目 / 鲤科

形态特征

最大体长可达250毫米。背鳍iii-8，臀鳍ii-5。侧线鳞87-98。第一鳃弓外侧鳃耙数14-16，内侧17-20。下咽齿2行。体稍侧扁或略呈圆筒形。口下位。下颌具锐利角质前缘。下唇完整，表面具乳突，唇后沟连续。体长160毫米以下个体下唇分左右2叶，唇后沟不连续。口角须1对。胸腹部裸露无鳞。背鳍末根不分枝鳍条柔软光滑。尾鳍叉形。体背灰褐色，腹部浅黄色，体背侧、头部和各鳍散有不规则小黑斑。

分布

国内分布于新疆和西藏。国外分布于哈萨克斯坦、吉尔吉斯斯坦、巴基斯坦、印度和尼泊尔。

 国家重点保护野生动物 二级　 IUCN 红色名录 LC　 CITES 附录 未列入

尖裸鲤

Oxygymnocypris stewartii

硬骨鱼纲 / 鲤形目 / 鲤科

 国家重点保护野生动物 二级　 IUCN 红色名录 NT　 CITES 附录 未列入　

《国家重点保护野生动物名录》备注：仅限野外种群

形态特征

体长可超过420毫米。背鳍iii-7-8，臀鳍iii-5。第一鳃弓外侧鳃耙数9-11，内侧10-12。下咽齿2行。体稍侧扁。吻部尖长。口端位。下颌前缘无锐利角质。下唇细狭，分左右2叶，唇后沟中断。无须。体裸露无鳞，仅有肩鳞和臀鳞。侧线完全。下咽骨狭窄，呈弧形。下咽齿细圆，顶端尖。背鳍末根不分枝鳍条强壮，后缘具锯齿。腹鳍起点位于背鳍起点之前的下方。尾鳍叉形。体背青灰色，头背和体侧具许多不规则斑点，腹侧银白色或浅黄色。各鳍淡黄色。

分布

国内分布于雅鲁藏布江水系。

大头鲤

Cyprinus pellegrini

硬骨鱼纲 / 鲤形目 / 鲤科

 国家重点保护野生动物 二级　 IUCN 红色名录 NE　 CITES 附录 未列入

《国家重点保护野生动物名录》备注：仅限野外种群

形态特征

最大体长约300毫米。背鳍iv-15-18，臀鳍iii-5。侧线鳞34-37。第一鳃弓外侧鳃耙数45-60。下咽齿3行。体侧扁。头大，长且宽。吻钝而宽。口大，端位。一般无须，偶在口角处有1对细小短须。背鳍和臀鳍末根不分枝鳍条均为后缘带锯齿的硬刺。尾刺叉长，末端尖。头背和体背呈橄榄色，具黄绿色光泽，腹部银白色，尾鳍下叶稍带红色。

分布

中国特有种。分布于云南杞麓湖和星云湖。

小鲤

Cyprinus micristius

硬骨鱼纲 / 鲤形目 / 鲤科

 国家重点保护野生动物 二级　 IUCN 红色名录 CR　 CITES 附录 未列入

形态特征

最大体长可达170毫米。背鳍iv-10-12，臀鳍iii-5。侧线鳞37-39。第一鳃弓外侧鳃耙数18-22。下咽齿3行或4行。体侧扁，背部稍隆起，尾柄长小于眼前缘至鳃盖骨后缘的距离。口端位。须2对。背鳍外缘平直或微凹。背鳍和臀鳍末根不分枝鳍条均为后缘具锯齿的硬刺。尾鳍深叉形，末端尖。体背部和头部青灰色，体侧和腹部淡黄色。

分布

中国特有种。分布于云南滇池。

抚仙鲤

Cyprinus fuxianensis

硬骨鱼纲 / 鲤形目 / 鲤科

形态特征

最大体长可达220毫米。背鳍iv-9-10，臀鳍iii-5。侧线鳞38-40。第一鳃弓外侧鳃耙数16-20。下咽齿3行。体侧扁，背部稍隆起，尾柄长大于眼前缘至鳃盖骨后缘的距离。口端位。须2对。背鳍外缘微凹。背鳍和臀鳍末根不分枝鳍条均为后缘具锯齿的硬刺。尾鳍叉形，末端尖。生活时眼上方黄色，体背部深黄绿色，体侧浅黄绿色，腹部银白色。

分布

中国特有种。分布于云南抚仙湖、星云湖。

国家重点保护 野生动物 二级	IUCN 红色名录 CR	CITES 附录 未列入

岩原鲤

Procypris rabaudi

硬骨鱼纲 /鲤形目 / 鲤科

形态特征

最大体长约440毫米。背鳍iv-19-21，臀鳍iii-5。侧线鳞43-46。下咽齿3行。体侧扁，背部隆起，腹部圆而平直。吻长小于眼后头长。吻须和口角须各1对。侧线平直。背鳍外缘平直，末根不分枝鳍条为硬刺，后缘具锯齿。尾鳍叉形。头和体呈深黑色，腹部银白色，体侧每个鳞片基部有1个黑点，组成11-13条纵行细黑条纹。

分布

中国特有种。分布于长江中上游及其支流。

国家重点保护 野生动物 二级	IUCN 红色名录 NE	CITES 附录 未列入

《国家重点保护野生动物名录》备注：仅限野外种群

乌原鲤

Procypris merus

硬骨鱼纲 / 鲤形目 / 鲤科

形态特征

最大体长约340毫米。背鳍iv-15-17，臀鳍iii-5。侧线鳞42-45。下咽齿3行。体侧扁，背部隆起，腹部圆而平直。吻长大于或等于眼后头长。吻须和口角须各1对。侧线平直。背鳍外缘深凹，末根不分枝鳍条为硬刺，后缘具锯齿。尾鳍叉形。头和体背侧暗黑色，腹部银白色，体侧每个鳞片基部具1个小黑点，组成11-12条纵行细条纹，各鳍深黑色。

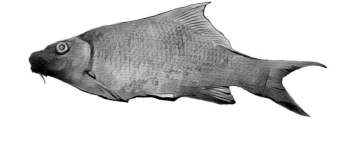

分布

中国特有种。分布于西江流域。

 国家重点保护野生动物 二级　　 **IUCN 红色名录** NE　　 **CITES 附录** 未列入

大鳞鲢

Hypophthalmichthys harmandi

硬骨鱼纲 / 鲤形目 / 鲤科

 国家重点保护野生动物 二级　　 **IUCN 红色名录** DD　　 **CITES 附录** 未列入　　

形态特征

体长超过700毫米，重可达25千克。背鳍iii-7，臀鳍iii-15。侧线鳞83-85。体侧扁。胸鳍基部至肛门前具肉棱。口宽大。无须。体被小圆鳞，侧线完全。背鳍无硬棘状鳍条。尾鳍叉形。体银白色，背侧灰褐色。

分布

国内分布于海南岛。国外分布于越南。

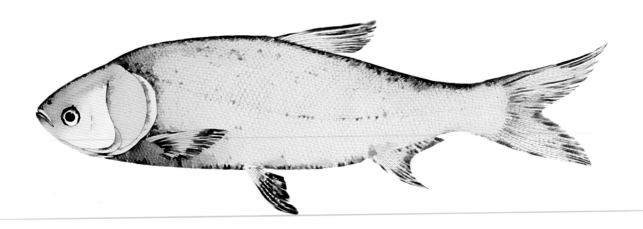

红唇薄鳅

Leptobotia rubrilabris

硬骨鱼纲 / 鲤形目 / 鳅科

形态特征

最大体长约140毫米。背鳍iii-8，臀鳍iii-5。体侧扁。眼下刺不分叉。口下位。颏部有1对纽状突。吻须2对，口角须1对。侧线完全。体被细鳞，颊部有鳞。尾鳍深叉形。体背和体侧黄褐色，腹部黄白色。背部有5-6个褐色鞍状斑。体侧具不规则褐色小斑点，背鳍和尾鳍具不规则黑褐色条纹。

分布

中国特有种。分布于长江上游各水系。

 国家重点保护
野生动物
二级

 IUCN
红色名录
NE

 CITES
附录
未列入

《国家重点保护野生动物名录》备注：仅限野外种群

黄线薄鳅

Leptobotia flavolineata

硬骨鱼纲 / 鲤形目 / 鳅科

国家重点保护野生动物 二级　IUCN 红色名录 NE　CITES 附录 未列入

形态特征

最大体长约80毫米。背鳍iv-9，臀鳍iii-5。体侧扁。口下位。眼下刺不分叉。颏部具1对纽状突。吻须2对，口角须1对。侧线完全。体被细鳞，颊部具鳞。尾鳍深凹，两叶钝圆。体棕黄色，具14条宽且规则的深棕色垂直带，间隔为黄色细线，头部具5条纵行黄色线纹。

分布

中国特有种。分布于北京房山拒马河等流域。

长薄鳅

Leptobotia elongata

硬骨鱼纲 / 鲤形目 / 鳅科

形态特征

最大体长约500毫米。背鳍iii-8，臀鳍ii-5。体侧扁。口下位。颏部无纽状突。眼下刺不分叉。吻须2对，口角须1对。鳞片细小，侧线完全。体为鲜亮的黄褐色，散布不规则的黑色横向斑纹。

分布

中国特有种。分布于长江中上游各主要支流。

国家重点保护野生动物 二级　IUCN 红色名录 VU　CITES 附录 未列入

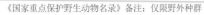

《国家重点保护野生动物名录》备注：仅限野外种群

无眼岭鳅

Oreonectes anophthalmus

硬骨鱼纲 / 鲤形目 / 条鳅科

国家重点保护
野生动物
二级

IUCN
红色名录
VU

CITES
附录
未列入

形态特征

　　最大体长约40毫米。背鳍ii-7，臀鳍ii-5。体前部近圆筒形，后部侧扁。眼退化。唇光滑。须3对。无鳞，皮肤光滑。侧线退化，无侧线孔。尾鳍后缘外凸，呈圆弧形。生活时体半透明，略带肉红色。

分布

　　中国特有种。仅分布于广西武鸣县太极洞的地下河中。

拟鲇高原鳅

Triplophysa siluroides

硬骨鱼纲 / 鲤形目 / 条鳅科

国家重点保护
野生动物
二级

IUCN
红色名录
NE

CITES
附录
未列入

《国家重点保护野生动物名录》备注：仅限野外种群

形态特征

最大体长约500毫米。背鳍iv-8-9，臀鳍iii-5。尾柄细圆。口下位。须3对。尾鳍稍凹。体裸露无鳞，多结节。侧线完全。体背侧棕褐色，具较宽的暗褐色横斑或虫状斑纹，腹部白色，各鳍具小黑斑。

分布

中国特有种。分布于黄河上游干支流及附属湖泊。

湘西盲高原鳅

Triplophysa xiangxiensis

硬骨鱼纲 / 鲤形目 / 条鳅科

形态特征

　　最大体长约85毫米。背鳍iii-8，臀鳍iii-6。体前部较扁平，后部渐侧扁。眼退化，充以脂肪球。口下位。须3对。体裸露无鳞。侧线孔明显。尾鳍叉形。体淡灰黄色。

分布

　　中国特有种。仅分布于湖南湘西龙山县飞虎洞。

小头高原鳅

Triphophysa minuta

国家重点保护野生动物 二级　IUCN红色名录 NE　CITES附录 未列入

硬骨鱼纲 / 鲤形目 / 条鳅科

形态特征

最大体长约55毫米。背鳍iv-6-7，臀鳍iii-5。尾柄侧扁。口下位。唇光滑。须3对。尾鳍微凹或平截。体无鳞。侧线完全。体背侧黄褐色，具不规则小褐点，背中线和侧中线常呈暗褐色纵纹状。

分布

国内分布于新疆北部。

厚唇原吸鳅

Protomyzon pachychilus

硬骨鱼纲 / 鲤形目 / 爬鳅科

形态特征

最大体长约65毫米。背鳍iii-8，臀鳍ii-5。侧线鳞72-79。体前部圆筒形，后部稍侧扁。口下位。唇厚，下唇两侧近口角处具扩大的唇片。口角须1对，上侧具1个宽大平扁的突起。体被小鳞，头背部和胸鳍腋部的胸部裸露。侧线完全。尾鳍末端微凹。体侧具不规则黑色斑块。

分布

中国特有种。仅分布于广西大瑶山。

国家重点保护野生动物 二级　IUCN红色名录 LC　CITES附录 未列入

斑鱯

Hemibagrus guttatus

硬骨鱼纲 / 鲇形目 / 鲿科

形态特征

最大体长约800毫米。背鳍 i-6-7，臀鳍 ii-8-9。鳃耙19-21。体前部平扁，后部侧扁。须4对。体无鳞，皮肤光滑。侧线完全。脂鳍低长，后缘游离。体灰褐色，腹部色浅。体侧散布有大小不等的黑色斑点；背鳍、脂鳍和尾鳍有深褐色小点并具黑边，其余各鳍色浅，少有斑点。

分布

国内分布于珠江、韩江、元江等水系。国外分布于老挝和越南。

 国家重点保护
野生动物
二级

 IUCN
红色名录
DD

 CITES
附录
未列入

《国家重点保护野生动物名录》备注：仅限野外种群

昆明鲇

Silurus mento

硬骨鱼纲 / 鲇形目 / 鲇科

 国家重点保护
野生动物
二级

IUCN
红色名录
CR

CITES
附录
未列入

形态特征

最大体长约360毫米。背鳍 i-4-5，臀鳍 ii-61-72。体前部平扁，后部侧扁。口裂浅，仅伸至眼前缘下方。下颌突出于上颌。须2对，颌须最多可伸达胸鳍起点。尾鳍斜截或略凹。侧线平直。体青灰色，有时有云纹斑，腹部白色。

分布

中国特有种。分布于云南滇池。

长丝𩽾

Pangasius sanitwangsei

国家重点保护
野生动物
一级

IUCN
红色名录
CR

CITES
附录
未列入

硬骨鱼纲 / 鲇形目 / 𩽾科

形态特征

最大体长约1.5米。背鳍 i -7-8，臀鳍iii-26-29。体头部以后稍侧扁。腹部圆。口宽大，上颌略突出于下颌。须2对。上颌齿带连续，下颌齿带不连续，具中缝。背鳍硬刺后缘具弱锯齿，末端呈丝状延长。尾鳍深叉形。体光滑，侧线完全。体背部黑褐色，体侧下半部和腹部银白色。背鳍、胸鳍和尾鳍具褐色带。

分布

国内分布于澜沧江下游。国外分布于泰国、老挝、柬埔寨。

金氏鮠

Liobagrus kingi

硬骨鱼纲 / 鲇形目 / 钝头鮠科

形态特征

最大体长约95毫米。背鳍 i-6-7，臀鳍 iv-10-13，胸鳍 i-7-8。背鳍前体较扁平，其后渐侧扁。口端位。上下颌约等长或下颌稍长于上颌。须4对。泄殖孔具臀鳍起点较近。尾鳍圆形。体背和体侧褐色或黄褐色，腹部色浅。背鳍、臀鳍和尾鳍具较宽的浅色饰边。

分布

中国特有种。分布于长江上游水系。

国家重点保护野生动物	IUCN红色名录	CITES附录
二级	EN	未列入

长丝黑鮡

Gagata dolichonema

硬骨鱼纲 / 鲇形目 / 鮡科

形态特征

最大体长约110毫米。背鳍 i-6；臀鳍 iii-11；胸鳍 I-8；腹鳍 i-5。体长形，侧扁。口下位，须4对。体无鳞，侧线完全。胸鳍硬刺后缘锯齿稀疏，背鳍硬刺光滑、无锯齿；脂鳍较小，后端游离；尾鳍深叉形。体灰褐色，体背具4道黑色斑块，各鳍末端黑色。

分布

国内分布于云南怒江水系。国外分布于缅甸伊洛瓦底江和萨尔温江等流域。

国家重点保护野生动物	IUCN红色名录	CITES附录
二级	LC	未列入

青石爬鮡

Euchiloglanis davidi

硬骨鱼纲 / 鲇形目 / 鮡科

形态特征

最大体长约165毫米。背鳍 i-5，臀鳍 i-4-5。背鳍前体扁平，向后渐侧扁。须4对，颌须延长部分末端远不达鳃孔上角。体无鳞，体表有细小的疣状粒。侧线完全。胸鳍末端接近或达到腹鳍起点；腹鳍起点至臀鳍起点距离大于腹鳍起点至鳃孔下角距离；尾鳍平截。体青灰色，有明显的黄斑。

分布

中国特有种。分布于四川青衣江流域。

 国家重点保护野生动物 二级　　 **IUCN 红色名录** NE　　 **CITES 附录** 未列入

黑斑原鮡

Glyptosternum maculatum

硬骨鱼纲 / 鲇形目 / 鮡科

形态特征

最大体长约250毫米。背鳍 i-6，臀鳍 i-5。体前部平扁，后部侧扁。须4对。上下颌齿尖锥形，密生。唇具小乳突。鳃孔伸达腹面。体无鳞，侧线不明显。尾鳍近于平截。体背部和体侧橄榄色，密布不规则黑斑点，腹部浅黄色；尾鳍后缘具一白边。

分布

国内分布于西藏雅鲁藏布江水系。

 国家重点保护野生动物 二级　　 **IUCN 红色名录** NE　　 **CITES 附录** 未列入

鮡

Bagarius bagarius

国家重点保护
野生动物
二级

IUCN
红色名录
NT

CITES
附录
未列入

硬骨鱼纲 / 鲇形目 / 鮡科

形态特征

最大体长约2米。背鳍 i-5-6，臀鳍 ii-7-8，胸鳍 i-9-10。鳃耙6-7。头和前躯粗大平扁。颌须发达，后伸达胸鳍基后端。颏须纤细。鳃盖膜游离，不与鳃峡相连。背鳍具一后缘光滑硬刺，末端呈丝状延长。腹鳍起点位于背鳍基后端垂直下方之前。脂鳍起点位于臀鳍起点之前。尾鳍深叉形，上下叶末端丝状延长。头背和体表布满纵向嵴突，胸腹面光滑。生活时全身灰黄色，体背具3块灰黑色鞍状斑，两侧向下延伸超过侧线。

分布

国内分布于云南澜沧江水系。国外分布于印度、老挝、泰国等。

红鲱

Bagarius rutilus

硬骨鱼纲 / 鲇形目 / 鮡科

国家重点保护
野生动物
二级

IUCN
红色名录
DD

CITES
附录
未列入

形态特征

最大体长约1米。背鳍 i-6，臀鳍 iv-8-9，胸鳍 i-12-13。头和前躯粗大平扁。颌须发达，后伸达胸鳍基后端。颏须纤细。鳃盖膜游离，不与鳃峡相连。背鳍具一后缘光滑硬刺，末端呈丝状延长。尾鳍深叉形，上下叶末端丝状延长。头背和体表布满纵向崤突，胸腹面光滑。生活时全身灰黄色，体背具3块灰黑色鞍状斑，两侧向下延伸超过侧线。

分布

国内分布于红河流域。国外分布于老挝和越南。

巨魾

Bagarius yarrelli

硬骨鱼纲 / 鲇形目 / 鮡科

国家重点保护
野生动物
二级

IUCN
红色名录
VU

CITES
附录
未列入

形态特征

最大体长约2米。背鳍 i-6，臀鳍 ii-9，胸鳍 i-12-13。鳃耙8-11。头和前躯粗大平扁。颌须发达，后伸达胸鳍基后端。颏须纤细。鳃盖膜游离，不与鳃峡相连。背鳍具一后缘光滑硬刺，末端呈丝状延长。腹鳍起点位于背鳍基后端垂直下方之后。脂鳍起点约与臀鳍起点相对。尾鳍深叉形，上下叶末端丝状延长。头背和体表布满纵向嵴突，胸腹面光滑。生活时全身灰黄色，体背具3块灰黑色鞍状斑。

分布

国内分布于怒江、澜沧江和元江水系。国外分布于印度、老挝和泰国等。

细鳞鲑属所有种

Brachymystax spp.

硬骨鱼纲 / 鲑形目 / 鲑科

 国家重点保护
野生动物
二级

 IUCN
红色名录
NE

CITES
附录
未列入

《国家重点保护野生动物名录》备注：仅限野外种群

形态特征

体侧扁。口小，上颌至多伸达眼中央下方。上下颌、犁骨和腭骨均具弱齿，犁骨和腭骨相连成弧带状。鳞细小，侧线完全，沿侧线纵列鳞115-175。幽门盲囊100左右。体上具圆黑斑。

分布

本属鱼类在国内有3种：细鳞鲑（*B. lenok*）分布于国内黑龙江、鸭绿江、额尔齐斯河等水系，以及俄罗斯东部；秦岭细鳞鲑（*B. tsinlingensis*）分布于国内黄河水系的渭河上游和长江水系的汉水上游；图们江细鳞鲑（*B. tumensis*）分布于国内图们江、朝鲜半岛和俄罗斯东部。

细鳞鲑　*Brachymystax lenok*

川陕哲罗鲑

Hucho bleekeri

硬骨鱼纲 / 鲑形目 / 鲑科

国家重点保护
野生动物
一级

IUCN
红色名录
CR

CITES
附录
未列入

形态特征

最大体长约600毫米。侧线鳞120-146。体侧扁。口端位，口裂大，上颌向后延伸至眼后缘之后。上下颌、犁骨、腭骨和舌上均具齿。鳞细小。侧线完全。尾鳍浅叉形。体背青灰色，腹部银白色。头部和体侧具小黑斑。繁殖期腹鳍、臀鳍和尾鳍浅橘红色。

分布

中国特有种。分布于国内长江流域的四川岷江、青衣江、大渡河、足木足河，青海麻尔柯河，以及陕西太白县汉水上游等支流。

哲罗鲑

Hucho taimen

硬骨鱼纲 / 鲑形目 / 鲑科

形态特征

最大体长约2米。侧线鳞140-240。体侧扁。口端位，口裂大，上颌后伸超过眼后缘。上下颌、犁骨、腭骨和舌上均具细齿。鳞细小。侧线完全。尾鳍浅叉形。体背部苍青色，体侧淡紫褐色，腹部白色。小个体有时体侧具8-9条暗色横斑带。头部和体侧散布暗色小斑点。繁殖期出现婚姻色，雄性明显，腹部、腹鳍和尾鳍下叶橙红色。

分布

国内分布于黑龙江上游、哈拉哈河上游、呼玛河、逊别拉河、乌苏里江和额尔齐斯河的山间河川、湖泊。国外分布于俄罗斯北冰洋沿岸的鄂毕河至科雷马河。

 国家重点保护野生动物 二级　 **IUCN 红色名录** VU　 **CITES 附录** 未列入

《国家重点保护野生动物名录》备注：仅限野外种群

石川氏哲罗鲑

Hucho ishikawai

硬骨鱼纲 / 鲑形目 / 鲑科

形态特征

最大体长约900毫米。侧线鳞125-152。幽门盲囊157-180。体侧扁。口端位，口裂大，上颌后伸超过眼后缘。上下颌、犁骨、腭骨和舌上均具细齿。鳞细小。侧线完全。尾鳍浅叉形。体背苍青色，体侧淡褐色，腹部白色。头部和体侧散布暗色小斑点。

分布

国内分布于鸭绿江上游及其山涧溪流。国外分布于朝鲜半岛邻近水系。

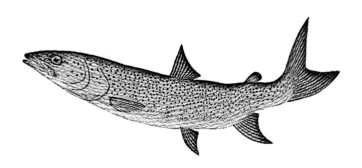

 国家重点保护野生动物 二级　 **IUCN 红色名录** NE　 **CITES 附录** 未列入

花羔红点鲑

Salvelinus malma

硬骨鱼纲 / 鲑形目 / 鲑科

形态特征

最大体长约1米。背鳍iii -10-11，臀鳍iii -10。纵列鳞237-242。鳃耙20-22。体侧扁。上颌骨后伸至眼后缘之后。犁骨齿稀疏。尾鳍浅叉形或内凹。体背部青黑色，略带蓝色。体侧下部及腹面浅橙色，略带白色。体侧上半部有橙色斑点，斑点周缘略带青蓝色。体背部散有白色斑点。背鳍和尾鳍灰褐色，胸鳍、臀鳍和尾鳍后缘橙色，胸鳍和臀鳍前缘白色。

分布

分布于北太平洋两岸淡水和海洋中。国内分布于绥芬河、图们江和鸭绿江上游支流。

 国家重点保护
野生动物
二级

 IUCN
红色名录
NE

 CITES
附录
未列入

《国家重点保护野生动物名录》备注：仅限野外种群

马苏大马哈鱼

Oncorhynchus masou

硬骨鱼纲 / 鲑形目 / 鲑科

形态特征

最大体长约800毫米。鳃耙18-21。幽门盲囊38-79。上下颌具齿，齿端微弯，尖锐。尾鳍呈弯月形。洄游型体背部暗青色，有少数小黑斑，体侧和腹部银白色。陆封型和洄游型形态无大的差异，陆封型个体较小，背部深暗，腹部浅白色，体侧具8-10个深色块状横斑，背部和体侧有深色圆斑。

分布

国内分布于图们江、绥芬河，黄海北部和中部也有发现。国外分布于朝鲜、日本和俄罗斯东部的阿穆尔河和堪察加半岛。

 国家重点保护
野生动物
二级

 IUCN
红色名录
NE

 CITES
附录
未列入

北鲑

Stenodus leucichthys

硬骨鱼纲 / 鲑形目 / 鲑科

形态特征

　　最大体长约1.5米。背鳍iii-iv-8-11，臀鳍iii-iv-14-17。侧线鳞103-111。体侧扁。口端位，下颌略长于上颌。上下颌、犁骨、腭骨和舌上齿均弱小。体被较大圆鳞，胸部鳞较小。侧线完全。尾鳍叉形。体背部灰色，体侧较淡，腹部银白色。

分布

　　国内分布于额尔齐斯河流域。国外分布于西北欧往东至北美的北冰洋水系。

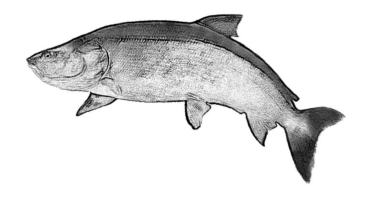

国家重点保护 野生动物 二级	IUCN 红色名录 EW	CITES 附录 未列入

北极茴鱼

Thymallus arcticus

硬骨鱼纲 / 鲑形目 / 鲑科

形态特征

　　最大体长约400毫米。体侧扁。口端位。侧线完全。背鳍高大，尾鳍深叉形。体背部深紫褐色，体侧淡黄色，腹部银灰白色。幼鱼体侧具数个椭圆形暗斑。背鳍具2-8纵行红褐色斑点，且行间杂有灰斑和蓝斑。

分布

　　国内分布于额尔齐斯河流域。国外分布于鄂毕河和叶尼塞河流域。

国家重点保护 野生动物 二级	IUCN 红色名录 LC	CITES 附录 未列入

《国家重点保护野生动物名录》备注：仅限野外种群

下游黑龙江茴鱼

Thymallus tugarinae

硬骨鱼纲 / 鲑形目 / 鲑科

形态特征

最大体长约260毫米。体侧扁。口端位。侧线完全。尾鳍深叉形。头背部灰黑色，鳃盖银绿色或紫绿色，有光泽。体侧淡灰色，较大个体呈珍珠绿色或紫绿色，有多行间断开的鲜艳橙色条纹。腹部白色，具2条平行的淡黄色条带。背鳍高大，尾鳍深叉形。背鳍边缘具暗红色条带，背鳍下部具3-5列红褐色椭圆形斑点。

分布

国内分布于黑龙江的中上游及附属支流、乌苏里江等流域。国外分布于俄罗斯东部。

国家重点保护野生动物 二级	IUCN 红色名录 NE	CITES 附录 未列入

《国家重点保护野生动物名录》备注：仅限野外种群

鸭绿江茴鱼

Thymallus yaluensis

硬骨鱼纲 / 鲑形目 / 鲑科

形态特征

最大体长约250毫米。鳃耙12-15。体侧扁。口端位。侧线完全。背鳍高大，尾鳍深叉形。体背和体侧紫灰色，体侧具许多褐色小斑，背鳍具2列斑点条纹。尾鳍也具斑点纹。

分布

国内分布于鸭绿江上游。国外分布于朝鲜的鸭绿江流域。

国家重点保护野生动物 二级	IUCN 红色名录 NE	CITES 附录 未列入

《国家重点保护野生动物名录》备注：仅限野外种群

海马属所有种

Hippocampus spp.

硬骨鱼纲 / 海龙鱼目 / 海龙鱼科

形态特征

　　体长可达300毫米。体侧扁，胸、腹部突起，具骨环。头部呈马头状，与躯干部形成一直角，因而得名。头部具突起或小刺，吻呈长管状，口小。尾部细长，呈四棱形，常弯曲。鳃孔很小。鳃盖骨有一突棱。背鳍位于躯干与尾部连接处，无腹鳍和尾鳍。我国已知海马属共14种。

分布

　　国内分布于南北各海域。国外热带、亚热带及温带海域广泛分布。

 国家重点保护
野生动物
二级

 IUCN
红色名录
VU/LC/DD

 CITES
附录
附录Ⅱ

《国家重点保护野生动物名录》备注：仅限野外种群

巴氏海马　*Hippocampus bargibanti*

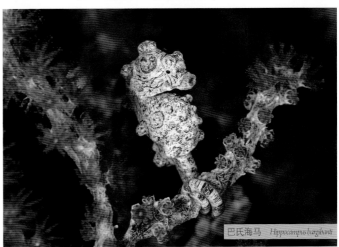

巴氏海马　*Hippocampus bargibanti*

库达海马　*Hippocampus kuda*

库达海马　*Hippocampus kuda*

棘海马 *Hippocampus spinosissimus*

棘海马 *Hippocampus spinosissimus*

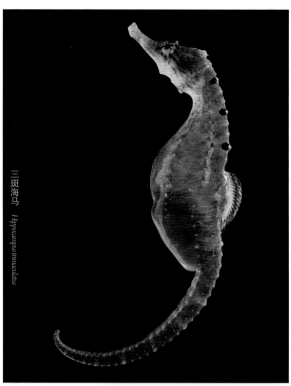

三斑海马 *Hippocampus trimaculatus*

莫氏海马 *Hippocampus mohnikei*

莫氏海马 *Hippocampus mohnikei*

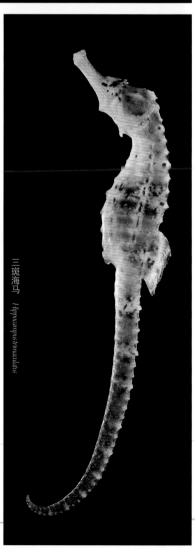

三斑海马 *Hippocampus trimaculatus*

克氏海马 *Hippocampus kelloggi*

冠海马 *Hippocampus coronatus*

克氏海马 *Hippocampus kelloggi*

克氏海马 *Hippocampus kelloggi*

莫氏海马 *Hippocampus mohnikei*

莫氏海马 *Hippocampus mohnikei*

黄唇鱼

Bahaba taipingensis

国家重点保护野生动物 一级　　IUCN 红色名录 CR　　CITES 附录 未列入

硬骨鱼纲 / 鲈形目 / 石首鱼科

形态特征

　　体长可达1.5米以上。体侧面观呈长椭圆形，侧扁。吻钝尖。上颌骨达眼中部下方，其外行齿尖，圆锥状，内行为细齿带。体被栉鳞，头部被小圆鳞。背鳍基、臀鳍基各具1个鳞鞘。尾鳍后缘尖。鳔圆筒状，后端细，具1对向后伸入体壁的侧管。体背侧棕灰色，带橙黄色，腹侧灰白色，胸鳍腋部具1黑斑。

分布

　　中国特有种。分布于东海和南海。

波纹唇鱼

Cheilinus undulatus

硬骨鱼纲 / 鲈形目 / 隆头鱼科

形态特征

体长可达1.5米。体侧面观呈长椭圆形，侧扁，成鱼头背缘隆起呈瘤状。吻长，口前位，上下颌齿各1列。背鳍基、臀鳍基均具鳞鞘，后缘尖，尾鳍后缘圆弧形。幼鱼和成鱼体色变化大。幼鱼体表浅绿色，成鱼体表绿色或蓝绿色。吻部和眼后各具2条黑纹。

分布

分布于印度洋-太平洋暖水域。国内分布于南海和台湾南部。

 国家重点保护
野生动物
二级

 IUCN
红色名录
EN

 CITES
附录
附录Ⅱ

《国家重点保护野生动物名录》备注：仅限野外种群

松江鲈

Trachidermus fasciatus

硬骨鱼纲 / 鲉形目 / 杜父鱼科

 国家重点保护野生动物 二级

 IUCN 红色名录 NE

CITES 附录 未列入

《国家重点保护野生动物名录》备注：仅限野外种群，原名"松江鲈鱼"

形态特征

最大体长约170毫米。背鳍Ⅷ-Ⅸ，18-20；臀鳍16-18；胸鳍17-18；腹鳍 i-4。体前部平扁，亚圆筒形，向后渐细。体被粒状和细刺状皮质突起。侧线平直。体黄褐色，体侧具5-6条暗色横带。鳃盖膜和臀鳍基底橘红色。背鳍鳍棘部前部具一黑色大斑。头侧鳃盖膜各有2条红色斜带（恰似4片鳃叶外露，故称四鳃鲈）。

分布

国内分布于渤海、黄海、东海及其周边河流下游。国外分布于朝鲜半岛和日本。

多鳃孔舌形虫

Glossobalanus polybranchioporus

肠鳃纲 / 柱头虫目 / 殖翼柱头虫科

形态特征

体长352-613毫米。吻部呈尖锥形或圆锥形。领部具许多纵走皱褶，后缘自背缘向腹缘倾斜。鳃孔数量较多，130-160个，因而得名。鳃后盲囊和生殖翼对称，无翼缘垂，生殖翼雌性紫棕色，雄性橘黄色或橘红色。肝区长，肝囊110-130个，排列成2行。

分布

中国特有种。分布于黄海和渤海沿岸。栖息于潮间带，潜居于沙质或泥沙质底。

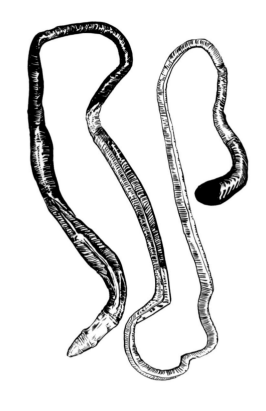

 国家重点保护野生动物
一级

 IUCN
红色名录
NE

 CITES
附录
未列入

三崎柱头虫

Balanoglossus misakiensis

肠鳃纲 / 柱头虫目 / 殖翼柱头虫科

形态特征

体长228-545毫米。吻部呈亚圆锥形，橘黄色，背部中央具1条深纵沟。领部呈圆柱状，具许多纵褶和明显的横环分带线，领沟为淡黄色，后部有1条深橘红色横带。生殖翼甚发达，雌性灰褐色，雄性蛋黄色。躯干部具明显环纹。肝囊分为2行排列。尾区背面具2条表皮纵走条纹。

分布

国内分布于山东和广西。国外分布于日本。栖息于潮间带，潜居于沙质或泥沙质底。

 国家重点保护野生动物
二级

 IUCN
红色名录
NE

 CITES
附录
未列入

短殖舌形虫

Glossobalanus mortenseni

肠鳃纲 / 柱头虫目 / 殖翼柱头虫科

形态特征

体长约35毫米。吻部呈圆锥形。鳃区裸露，背部中央线为一深沟，伸延到生殖区形成1条突起的背中脊，生殖翼不显著。肝区界限明显。腹部中央沟纵贯整个鳃区和生殖区。肛门在末端中央开口。

分布

国内分布于海南。国外分布于毛里求斯。栖息于潮间带，潜居于沙质或泥沙质底。

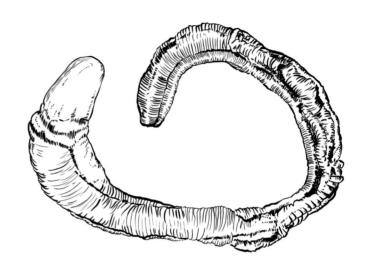

国家重点保护 野生动物	IUCN 红色名录	CITES 附录
二级	NE	未列入

肉质柱头虫

Balanoglossus carnosus

肠鳃纲 / 柱头虫目 / 殖翼柱头虫科

形态特征

体长388-771毫米。吻小领长，领部中央具1条显著缢环。翼部开始较狭窄，至鳃区后部最宽，一直到终末突然终止，随后两翼平直地展开。生殖翼内面靠近基部附近，有许多白色的表皮小丘。生殖翼与肝区间一般有过渡区。肝区的肝囊排成2行。

分布

国内分布于海南。国外分布于日本、马尔代夫、新喀里多尼亚等地。栖息于潮间带，潜居于沙质或泥沙质底。

国家重点保护 野生动物	IUCN 红色名录	CITES 附录
二级	NE	未列入

黄殖翼柱头虫

Ptychodera flava

肠鳃纲 / 柱头虫目 / 殖翼柱头虫科

形态特征

体长50-100毫米。吻部呈圆锥形或圆形。领部中间收窄，其后缘有明显的环状槽。鳃呈腊肠形，鳃孔极宽大。肝囊排列成规则的纵列。表皮环纹在肝区特别显著，背部两侧环纹形成小岛状，在生殖翼外缘环纹较弱，常形成小分枝。尾部肿大。

分布

印度洋-太平洋热带海区广泛分布。国内分布于海南。栖息于潮间带，潜居于沙质或泥沙质底。

 国家重点保护野生动物
二级

 IUCN
红色名录
NE

 CITES
附录
未列入

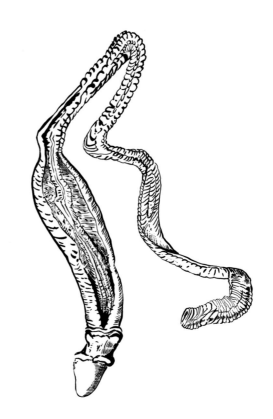

青岛橡头虫

Glandiceps qingdaoensis

肠鳃纲 / 柱头虫目 / 史氏柱头虫科

形态特征

体长约330毫米。吻部较长，呈亚圆锥形，腹侧和背侧具沟槽。领部后区具明显凹槽，布满折痕。鳃孔很小。躯干部呈亚圆柱形。体表黄色，具不规则的棕色斑纹。

分布

国内分布于山东。栖息于潮下带，潜居于沙质或泥沙质底。

 国家重点保护野生动物
二级

 IUCN
红色名录
NE

 CITES
附录
未列入

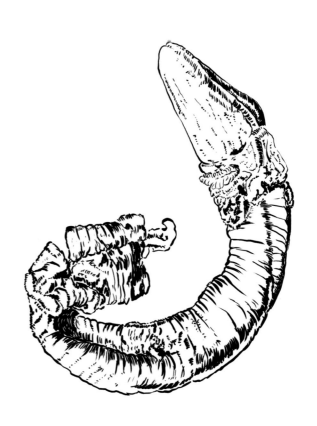

黄岛长吻虫

Saccoglossus hwangtauensis

肠鳃纲 / 柱头虫目 / 玉钩虫科

国家重点保护
野生动物
一级

IUCN
红色名录
NE

CITES
附录
未列入

形态特征

体长210-420毫米。吻部呈扁圆锥形，背面和腹面中央线上各具1条纵走的沟。领部表面平滑，中部和后部各有1条环走凹沟，后缘具1条环走的白色突起边缘。生殖腺发达。吻部浅橘黄色，领部深橘黄色，鳃生殖区雌性为淡黄褐色，雄性为淡黄褐色或橘黄色，肝区墨绿色，尾区后部呈白色。肛门边缘常具加深的褐色素。

分布

中国特有种。分布于山东胶州湾。栖息于潮间带，潜居于沙质或泥沙质底。

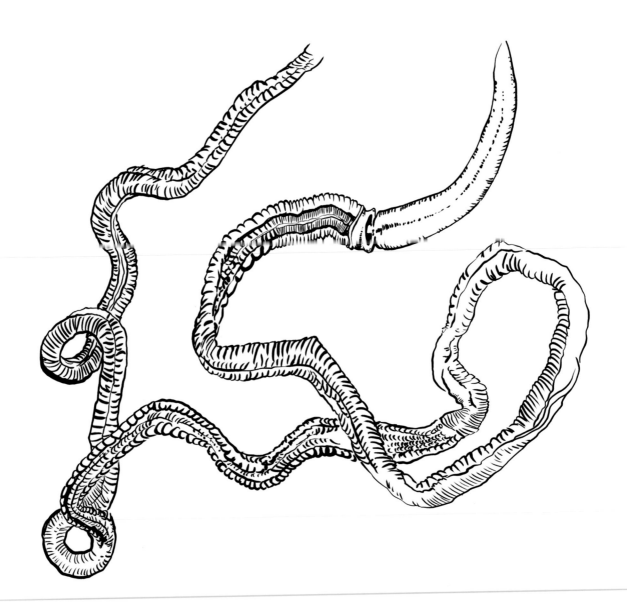

伟铗䖈

Atlasjapyx atlas

昆虫纲 / 双尾目 / 铗䖈科

形态特征

　　世界已知最大的双尾虫之一。头和足尾黄色，胸部和腹部1-7节的背面为灰色，腹面为黄色，第八、九腹节背面为赤褐色，第十腹节和尾铗为深褐色。头为梯形，稀有小毛；触角48-49节，无感觉毛；上颚强壮，有4齿。腹部1-7腹板后侧有1-2枚小毛；第十腹节稀布小刻点，光秃。左尾内缘近1/2处有1个大齿，右尾中部也有1个大齿。

分布

　　国内分布于四川西部。

 国家重点保护
野生动物
二级

 IUCN
红色名录
NE

 CITES
附录
未列入

丽叶䗛

Phyllium pulchrifolium

昆虫纲 / 䗛目 / 叶䗛科

形态特征

　　大型叶状竹节虫。雌虫黄绿色，头宽卵形，触角棒状，9节。前胸背板宽舌状，中胸背板倒梯形，侧缘具钝齿，侧板刺突明显。前翅宽卵形，伸达第七节腹节中央，后翅退化。前足腿节外叶明显宽于内叶；中足腿节内、外叶扩展，内叶具齿，略窄于外叶；后足腿节仅内叶扩展。腹部第八节腹节侧缘呈弧形弯曲，后角宽圆或稍突出，但向后不超过第九腹节后端，第九腹节突然窄缩小，与第十腹节共同构成三角形的腹端。

分布

　　国内分布于福建。国外分布于印度尼西亚、马来西亚、缅甸、印度等。

 国家重点保护
野生动物
二级

 IUCN
红色名录
NE

 CITES
附录
未列入

雌

中华叶䗛

Phyllium sinensis

昆虫纲 / 䗛目 / 叶䗛科

形态特征

　　大型叶状竹节虫。雌虫头扁圆，触角9节。前胸背板长宽相等；中胸背板具1个明显的中纵脊。前翅大，革质，阔叶形，伸达第七腹节中部；后翅退化。3对足较短，其腿节和胫节的内、外侧较扩大。腹部极扁宽，似叶状，近长方形，第八腹节侧缘近斜直，后角呈阔叶状强烈延伸，向后显著超过腹端；第九腹节后缘平直；第十腹节单独构成亚三角形腹端。尾须扁匙状。腹瓣较短，产卵瓣较窄，伸达第十腹节中央。雄虫黄绿色。触角短于头长，浅棕色。前翅发达，革质，阔叶型，后翅退化。前足腿节两侧具发达的叶状突。腹部扁宽，近长方形。各足胫节、跗节和腹部背、腹两面中央褐色。

分布

　　国内分布于海南。

 国家重点保护
野生动物
二级

 IUCN
红色名录
NE

 CITES
附录
未列入

雌

雄

泛叶䗛

Phyllium celebicum

昆虫纲 / 䗛目 / 叶䗛科

国家重点保护
野生动物
二级

IUCN
红色名录
NE

CITES
附录
未列入

形态特征

大型叶状竹节虫。雌虫触角短，9节。中胸背板具钝瘤。前足腿节外叶角状，呈三角形扩展。腹部近方形，第四至七腹节两侧缘几平行，第八腹节突然窄缩，第八至十腹节侧缘斜直，共同组成三角形腹端。雄虫，触角25节，腹部亚棱形，第七腹节最宽。

分布

国内分布于广西、云南、贵州、海南。国外分布于印度尼西亚、越南、老挝、缅甸等。

雌

翔叶䗛

Phyllium westwoodi

昆虫纲 / 䗛目 / 叶䗛科

形态特征

　　大型叶状竹节虫，绿色。雌虫卵形，触角短棒状，短于头部。前胸背板近乎三角形，中央具"十"字形沟纹，中胸背板长方形。后翅相当发达，伸达第七腹节。前腿节外叶宽圆，呈椭圆形扩展，外叶明显宽于内叶。腹部宽卵形，第七腹节侧缘弧形，由第八至十腹节共同构成三角形腹端。产卵瓣稍超过腹端，尾须端较尖，明显超过产卵瓣。雄虫腹部窄椭圆形，第四腹节侧缘中央不明显角状。

分布

　　国内分布于广西。国外分布于印度尼西亚、缅甸、印度。

 国家重点保护野生动物 二级　　 IUCN 红色名录 LC　　 CITES 附录 未列入

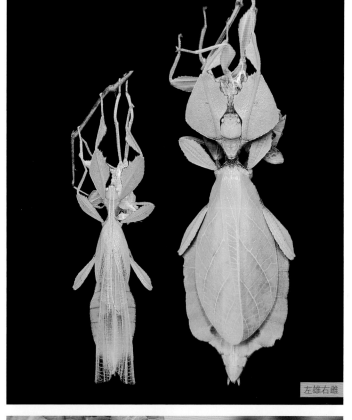

左雄右雌

雌

雄

东方叶䗛

Phyllium siccifolium

昆虫纲 / 䗛目 / 叶䗛科

形态特征

　　大型叶状竹节虫，绿色。雌虫体扁平。前翅伸达第七腹节，后翅退化。前腿节外叶宽圆，呈椭圆形扩展，外叶不宽于内叶。第八腹节侧缘弧形，由第九、十腹节共同构成三角形腹端。雄虫触角长丝状，超过前足。头和前胸背板较光滑，中胸背板侧缘有少量齿。前翅短，宽卵形，伸达第三腹节，后翅伸达第八腹节。腹部宽披针形，第四腹节侧缘中央明显角状。

分布

　　国内分布于海南。国外分布于印度尼西亚、马来西亚、泰国、越南、老挝、印度等。

雌

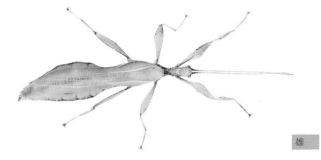

雄

 国家重点保护野生动物 二级　　 IUCN 红色名录 LC　　 CITES 附录 未列入

独龙叶䗛

Phyllium drunganum

昆虫纲 / 䗛目 / 叶䗛科

 国家重点保护野生动物 二级　　 IUCN 红色名录 NE　　 CITES 附录 未列入　　

形态特征

　　大型叶状竹节虫。雌虫扁宽似叶，绿色。头卵圆，端部较窄；复眼小圆凸，缺单眼；触角短粗，共9节，柄节宽大，第三节长。前胸背板倒梯形，中域具"十"字形沟纹；中胸宽大，多横皱鱼瘤突，侧缘具刺状脊；中胸侧板呈三角形，密布刺突。前翅发达，伸达第七腹节后半部；后翅透明。前足腿节外叶宽于内叶，边缘具小齿，内叶前缘有6齿，胫节内叶三角形，外叶近端部突出；中足腿节内叶宽于外叶，端背有7齿；后足腿节内叶宽于外叶，端半有8齿；中、后足胫节端部形成小叶突。腹部宽扁，以第四节中部最宽，第七腹节后侧角圆突，第八至十节形成三角形；腹瓣几伸达第十腹板中部；产卵瓣外露；尾须长于产卵瓣。雄虫前足腿节外叶较光滑，边缘弧形，无明显弯曲，外叶宽度略小于内叶；腹部窄椭圆形。

分布

　　国内分布于云南。

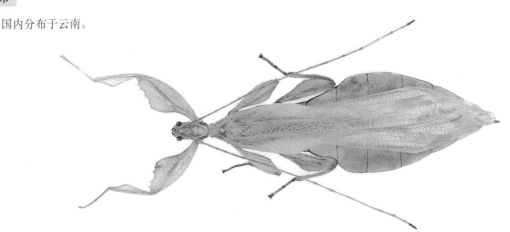

雄

同叶䗛

Phyllium parum

昆虫纲 / 䗛目 / 叶䗛科

国家重点保护野生动物 二级　　IUCN 红色名录 NE　　CITES 附录 未列入

形态特征

　　大型叶状竹节虫。雄虫扁宽叶状，黄褐色。头亚卵形，后端稍膨大，头顶略扁平；触角26节，被细毛，超过第五腹节中央，第一节粗宽，第二节柱形，端节钝锥形。前胸背板舌状，中央具"十"字形沟纹；中胸背板窄长，侧缘具宽脊，中域具粗钝瘤突和横皱，侧板边缘具钝刺突。前翅革质，仅后部半透明，伸达第三腹节中部；后翅透明，展开呈扇形。前足腿节外叶宽于内叶，亚三角形，端缘有3-4齿，内叶前缘有5个粗大齿突，胫节内叶扩展呈亚三角形；中足腿节外缘1齿，内叶有6-7刺齿；中、后足胫节稍内弯；后足腿节内叶宽弧形，端缘有8-9齿突。腹部宽椭圆形，基部至第四腹节中央逐渐加宽，第五腹节后端最宽，第八腹节明显变窄，与第九、十腹节构成三角形。尾须叶状，超过腹端。雌虫体扁平，前足腿节内叶前缘具齿突，外叶略呈直角扩展。

分布

　　国内分布于海南、广西。

雌

滇叶䗛

Phyllium yunnanense

昆虫纲 / 䗛目 / 叶䗛科

形态特征

　　大型叶状竹节虫。雄虫浅绿色。头近似球形，背面稍平坦，光滑。眼半球形，单眼三角形排列。触角28节。前胸背板舌状，中胸背板，侧缘具齿突。前方具横皱和瘤突。前翅革质，近后缘半透明，超过第三腹节中央；后翅发达，透明，伸达第九腹节。3对足腿节较扩展，前足胫节内叶亚三角形，腿节外叶明显窄于内叶，边缘有6-7小齿，内叶叶前缘有5个齿突；中足腿节外叶有2-3小齿，内叶有6-7小齿；后腿节内叶有5-6个刺齿。腹部披针形，第四腹节前方角状，向后各节渐窄，第七至十腹节形成三角形。尾须叶状，超过腹端。雌虫比雄虫更大，腹部宽厚呈叶状。

分布

　　国内分布于云南。

 国家重点保护
野生动物
二级

 IUCN
红色名录
NE

 CITES
附录
未列入

雌

雄

雌

藏叶䗛

Phyllium tibetense

昆虫纲 / 䗛目 / 叶䗛科

形态特征

　　大型叶状竹节虫。雌虫黄绿色，腹面大部分浅绿色。头亚卵形，后端稍膨大。触角棒状，短于头长，共9节。前胸背板宽舌形，前缘略凹，侧缘具光滑脊，中域具"十"字形沟痕；中胸背板长大于宽，侧缘略平行，有刺突。前翅椭圆形，伸达第七腹节中央，腹缘较多外露；后翅较发达，约伸达第六腹节中央。前足腿节强烈扩展，外叶亚三角形，宽于内叶，边缘有明显刺齿，内叶前缘有5-6个较大的齿突；胫节外侧近端部有一明显小叶突。中、后足胫节稍内曲，外侧近端部具小叶突。后腿节内叶发达，端缘常有5个齿突。腹部强烈宽扁，近方形，第七腹节侧缘在中央后方突然窄缩，第八至十腹节侧缘斜直，共同构成三角形腹端。腹瓣狭长，明显超过腹端。

分布

　　国内分布于西藏（墨脱）。

雌

雄

 国家重点保护野生动物
二级

 IUCN红色名录
NE

 CITES附录
未列入

雌

珍叶䗛

Phyllium rarum

昆虫纲 / 䗛目 / 叶䗛科

形态特征

　　大型叶状竹节虫。雌虫黄绿色。头近于卵形，触角短。前胸背板近于三角形，中域具"十"字形沟纹；中胸背板长方形，侧缘基部有明显瘤突，前半部有钝刺突。前翅宽大，革质，约伸达第七腹节中央；后翅膜质，透明，稍超过第六腹节中央。前足腿节强烈扩展，外叶宽三角形，明显宽于内叶；端缘有4-5个刺齿，内叶较狭长；前缘有5个明显齿突，前胫节内叶钝三角形；后足腿节外叶不显著，内叶端半部明显扩展，边缘锯齿状。腹板基部有大、小不等的瘤突。腹部宽披针形，第四腹节中央最宽，第七至十腹节形成阔三角形。腹瓣伸达臀节中央。尾须刀状。

分布

　　国内分布于广西。

 国家重点保护
野生动物
二级

 IUCN
红色名录
NE

 CITES
附录
未列入

雌

雌

扭尾曦春蜓

Heliogomphus retroflexus

昆虫纲 / 蜻蜓目 / 箭蜓科

雌

形态特征

大型昆虫，体色黑黄相间。雄虫头部上唇黑色，两侧各具1个黄色斑点；前唇基黄褐色，后唇基黑色；额黑色，具黄色横纹。合胸黑色，具黄色条纹；黑色的领条纹与背条纹不相连；侧面黄绿色，具2条较粗的黑条纹。翅透明，翅痣褐色。足黑色，具黄斑。腹部黑色，第一至三腹节侧面具黄斑，第二至七腹节背面基方具黄环纹，第八至十节黑色。上肛附器黄白色，似牛角状，末端扭曲。雌雄色彩相似。

分布

国内分布于福建、浙江、广东、海南、台湾。国外分布于老挝、越南。

雄

 国家重点保护野生动物 二级　　 **IUCN 红色名录** LC　　 **CITES 附录** 未列入

《国家重点保护野生动物名录》备注：原名"尖板曦箭蜓"

棘角蛇纹春蜓

Ophiogomphus spinicornis

昆虫纲 / 蜻蜓目 / 箭蜓科

形态特征

大型昆虫，体黄绿色具黑斑纹。雄虫头部面部黄绿色，头顶黑色，有1个细的黑色带在眼和额基部之间，单眼后方具黄斑。合胸绿色，黑色的背条纹较阔，与肩条纹在上方相连，侧面的黑色条纹很细。翅透明，前缘黄色。足黄色，具黑条纹。腹部黑色，各节具黄绿色条纹；上肛附器黄色，下肛附器黑色。雌雄色彩相似，后头缘两侧具突起。

分布

国内分布于北京、河北、山西、甘肃、内蒙古、新疆。

雄

 国家重点保护
野生动物
二级

 IUCN
红色名录
LC

 CITES
附录
未列入

《国家重点保护野生动物名录》备注：原名"宽纹北箭蜓"

中华缺翅虫

Zorotypus sinensis

昆虫纲 / 缺翅目 / 缺翅虫科

形态特征

微小型昆虫，形似蚂蚁，深褐色。头近三角形，稀布刚毛；触角念珠状，9节；上颚粗壮，有3-4尖齿。胸部发达，前胸背板方形，中胸和后胸成梯形。足有毛，跗节2节，第一跗节极短，第二跗节长，端部有2个镰形爪；后足强壮，腿节腹侧有1列8-9枚小刺。腹部10节，腹节背板横向狭窄，雄虫第九节背板后缘有1个棒状突起，第十节背板有1个勺状突；尾须短仅1节。缺翅虫包括有翅型与无翅型。

分布

国内分布于西藏（察隅）。

 国家重点保护
野生动物
二级

 IUCN
红色名录
NE

 CITES
附录
未列入

墨脱缺翅虫

Zorotypus medoensis

昆虫纲 / 缺翅目 / 缺翅虫科

形态特征

　　微小型昆虫，形似蚂蚁，深褐色。头近三角形，头顶有1条横向隆线，在隆线上生4枚小毛。胸部发达，后足腿节下侧缘有1列排列整齐的刚刺，共6-8枚。腹部10节，腹节背板横向狭窄，有对称刚毛；雄虫第九节背板后缘中央有1个棒状突起，两侧生对称刚毛；第十节背板中央有1个勺状突；尾须疏生刚毛。

分布

　　国内分布于西藏（墨脱、波密、林芝等）。

国家重点保护野生动物 二级

IUCN 红色名录 NE

CITES 附录 未列入

有翅型

无翅型

无翅型

中华蛩蠊

Galloisiana sinensis

昆虫纲 / 蛩蠊目 / 蛩蠊科

形态特征

　　中小型昆虫，形似蟋蟀，体棕黄色，体表被细毛，无翅。头宽大，约与前胸等阔，中央具1个模糊黑斑，触角丝状，34节。前胸背板长略胜于宽，后缘中部明显向内凹进，接近前缘具1条微波形横沟纹；中胸背板基部显狭于前胸背板后缘，侧缘向后膨阔；后胸背板显短于中胸背板。腹部背板10节，密生深棕色绒毛，各节后角着生1或2根暗棕色刺状毛，末节端缘呈钝三角形，中央延伸成一向下弯曲的锥状体。尾须9节。前足腿节粗壮，胫节端部具2距，跗节5节；中足腿节较前足细，跗节第一节较长；后足腿节细长。

分布

　　国内分布于吉林（长白山）。

国家重点保护野生动物 一级

IUCN 红色名录 NE

CITES 附录 未列入

陈氏西蛩蠊

Grylloblattella cheni

昆虫纲 / 蛩蠊目 / 蛩蠊科

形态特征

中小型昆虫，形似蟋蟀。雌虫头、胸和腹部背面棕黄色，腹部腹面色淡。复眼黑色，长椭圆形，触角丝状，38节。前胸背板后缘弱内凹，颈片外缘具5根长毛，内缘具3根长毛。尾须10节。产卵器剑状，位于第八、九腹节。跗节垫短。

分布

国内分布于新疆。

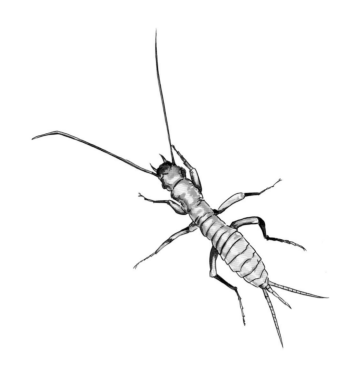

 国家重点保护
野生动物
一级

 IUCN
红色名录
NE

 CITES
附录
未列入

中华旌蛉

Nemopistha sinica

昆虫纲 / 脉翅目 / 旌蛉科

形态特征

中型昆虫。雄成虫头黄色，头顶除复眼边缘外均呈褐色；头前端延伸呈喙状，口器黄色；触角线状，黄褐色，具微毛。胸背暗褐色，前胸宽大于长，呈鞍状，背面具梯形大斑，内有细中线；中胸在盾片上有斜向长黑斑。足黄色，具黑斑，被短毛；跗节各节末端及爪均为暗褐色。前翅宽大透明，翅基带褐色，翅痣很小，黄白色。后翅极细长如带，为前翅的2倍多长，淡褐色；翅端部为白、褐、白3段。腹狭长，背面暗褐，节端具黄边及暗纹。

分布

国内分布于云南（泸水）。

 国家重点保护
野生动物
二级

 IUCN
红色名录
NE

 CITES
附录
未列入

拉步甲

Carabus lafossei

昆虫纲 / 鞘翅目 / 步甲科

形态特征

中大型甲虫。体色变异较大，多见为黄绿配色，少数紫色。一般头部前胸背板绿色带金黄或金红光泽，有时全部深绿色；鞘翅绿色，侧缘及缘折金绿色，瘤突黑色，有时蓝绿色或蓝紫色。额凹较深，凹间隆起密布刻点；上唇元宝形，中央纵凹，两侧各具一刻点；触角1-4节光洁，其余各节被毛。前胸背板心形，盘区略拱，两侧缘低凹，中线较细。鞘翅长卵形，中后部最宽，末端形成尾突；翅外缘较平，有1行粗刻点；翅面具多行瘤突，第一行瘤突较其他更长。

分布

国内分布于江苏、浙江、福建、江西等地。

国家重点保护野生动物 二级	IUCN红色名录 NE	CITES附录 未列入

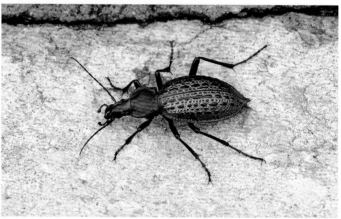

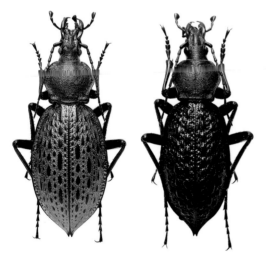

细胸大步甲

Carabus osawai

昆虫纲 / 鞘翅目 / 步甲科

形态特征

中型甲虫。体黑紫色。头部前伸，上唇中央略凹陷，触角1-4节光洁，其余各节被毛。前胸背板较窄，具1条纵沟，紫色，泛强烈的金属光泽。鞘翅黑色，侧缘蓝紫色。鞘翅长卵形，中后部最宽，末端形成圆钝，翅面具多行小瘤突。

分布

国内分布于湖北。

 国家重点保护
野生动物
二级

 IUCN
红色名录
NE

 CITES
附录
未列入

巫山大步甲

Carabus ishizukai

昆虫纲 / 鞘翅目 / 步甲科

形态特征

中型甲虫。头部及前胸背板红色带金属光泽。额凹较深，上唇元宝形，中央纵凹，触角1-4节光洁，其余各节被毛。前胸背板心形，盘区略拱，两侧缘低凹，中线细微。鞘翅长卵形，绿色，侧缘金绿色或红色。翅面具多行黑色瘤突，第一、二行瘤突较显著。

分布

国内分布于四川、重庆、湖北。

 国家重点保护
野生动物
二级

 IUCN
红色名录
NE

 CITES
附录
未列入

库班大步甲

Carabus kubani

昆虫纲 / 鞘翅目 / 步甲科

形态特征

中型甲虫。头部及前胸背板紫色带金属光泽。额凹较深，上唇元宝形，中央纵凹，触角1-4节光洁，其余各节被毛。前胸背板近方形，前缘基部弧形，两侧缘低凹，中线细微，密布较细刻点。鞘翅长卵形，黑色，翅面具多行细刻纹。

分布

国内分布于云南。

 国家重点保护野生动物 二级　　 IUCN 红色名录 NE　　 CITES 附录 未列入

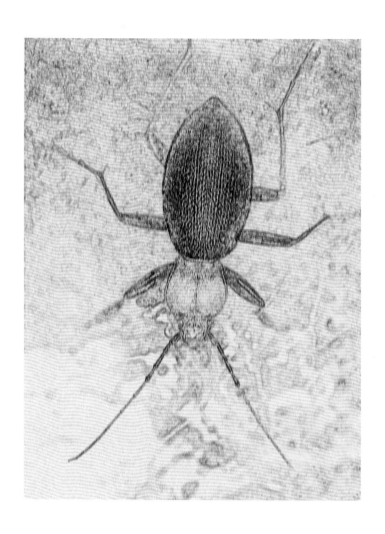

桂北大步甲

Carabus guibeicus

昆虫纲 / 鞘翅目 / 步甲科

形态特征

中型甲虫。全身绿色或褐色带金属光泽，下唇须倒数第二节具2根刚毛，下颚较为光滑，下颚齿较两侧略短，额部与前胸背板较为光滑，前胸背板密布不规则网状微纹。前胸背板宽度约为头部的2.5倍。鞘翅覆满平行的行距，3条主行距特化为连续的均匀的长椭圆形突起，鞘翅末端的切鞘现象不明显。

分布

国内分布于广西。

 国家重点保护野生动物 二级　　 IUCN 红色名录 NE　　 CITES 附录 未列入

贞大步甲

Carabus penelope

昆虫纲 / 鞘翅目 / 步甲科

形态特征

中型甲虫。前胸背板红色带轻微绿色金属光泽，鞘翅中间深绿色周围亮黄色或中间黑色周围艳红色，下唇须倒数第二节具4根刚毛，下颚较为粗糙，布有少量的刻点和褶皱，下颚齿较两侧略短，额部与前胸背板较为粗糙，前胸背板密布沟纹。前胸背板宽度约为头部的2倍。鞘翅覆满平行的行距，3条主行距特化为连续均匀的椭圆形突起，第三行距退化，雄性鞘翅末端的切鞘现象不明显，雌性切鞘明显。

分布

国内分布于福建。

 国家重点保护
野生动物
二级

 IUCN
红色名录
NE

 CITES
附录
未列入

蓝鞘大步甲

Carabus cyaneogigas

昆虫纲 / 鞘翅目 / 步甲科

形态特征

中型甲虫。身体深紫色带金属光泽，下唇须倒数第二节具3-4根刚毛，下颚较为光滑，下颚齿较两侧略短，额部与前胸背板较为粗糙，前胸背板密布不规则沟纹。前胸背板宽度约为头部的2.5倍。鞘翅覆满平行的行距，3条主行距特化连续膨大的椭圆形突起，第三行距退化，雄性鞘翅末端的切鞘现象不明显，雌性切鞘明显。

分布

国内分布于广东。

 国家重点保护
野生动物
二级

 IUCN
红色名录
NE

 CITES
附录
未列入

滇川大步甲

Carabus yunanensis

昆虫纲 / 鞘翅目 / 步甲科

形态特征

中型甲虫。前胸背板蓝紫色带金属光泽，鞘翅红褐色带金属光泽，下唇须倒数第二节具3根刚毛，下颚光滑，下颚齿较两侧略短，额部与前胸背板较为光滑，前胸背板密布不规则网格状微纹。前胸背板宽度约为头部的2.2倍。鞘翅覆满平行的行距，3条主行距特化为连续的均匀的长椭圆形突起，雌性鞘翅末端的切鞘现象较为明显。

分布

国内分布于云南、四川。

雄　　　　　　　雌

 国家重点保护
野生动物
二级

 IUCN
红色名录
NE

 CITES
附录
未列入

硕步甲

Carabus davidi

昆虫纲 / 鞘翅目 / 步甲科

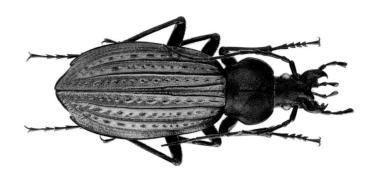

形态特征

中型甲虫。头部、触角及足黑色；前胸背板、侧板及小盾片为蓝紫色；鞘翅绿色带金属光泽，后部具红铜光泽，鞘翅缘折及行距脊线暗蓝紫色，头部眼间较宽，额凹较深，伸过唇基，后端在眼前消失，上唇中凹明显，上颚较宽，口须端节膨大。触角细长，第一至四节光洁。前胸背板心形，前缘略凹，两侧弧圆，最宽处接近中部，向后收狭，后角端向下，略过基缘；背面微隆，布满皱褶，基部横皱。鞘翅长卵形，最宽处在中后部，侧缘在端部有一凹缺：一级行距链状，由刻点分隔的瘤突组成；二级行距为隆起的脊，第一条二级行距较短，在中部前与中缝愈合；三级行距为颗粒状。足细长，雄虫前足跗节基部4节膨大，腹面有毛。腹部光洁，每节中线两侧有成对刻点。

分布

国内分布于浙江、福建、江西、广东。

 国家重点保护
野生动物
二级

 IUCN
红色名录
NE

 CITES
附录
未列入

中华两栖甲

Amphizoa sinica

昆虫纲 / 鞘翅目 / 两栖甲科

形态特征

　　小型甲虫。体背幽暗，黄褐色至褐黑色。头部具刻点，额唇基沟细，但明显。触角短，光洁无毛，第一节最粗，筒形，第十一节末端钝圆。前胸背板较宽，稍平，中部稍隆，两侧膨出，在后角前内凹，侧缘具细边并有锯齿；背面中央纵凹，中线浅而清楚，全部被刻点。鞘翅肩部宽圆；向后渐收狭，后外角宽圆；背面沿中缝处低平，肩后微凹洼；盘区密布刻点，每翅可见9行刻点，肩后横皱，刻点较粗；行距稍隆，每行距有1列稀疏的大刻点。具步行足，胫节沟有1列稀疏缨毛，爪大。

分布

　　国内分布于吉林（长白山）。

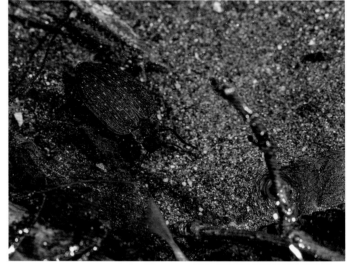

 国家重点保护
野生动物
二级

 IUCN
红色名录
NE

 CITES
附录
未列入

中华长阎甲

Syntelia sinica

昆虫纲 / 鞘翅目 / 长阎甲科

 国家重点保护
野生动物
二级

 IUCN
红色名录
NE

 CITES
附录
未列入

形态特征

　　小型甲虫，成虫体近圆筒形，略扁平。体表黑色，具金属光泽。头突出外露，眼周围密布刻点；上颚短粗，内缘具3个钝齿，表面密布均匀的小刻点；触角膝状，末端膨大，具金黄色绒毛。前胸背板近方形，光滑，侧缘略微上卷，前缘具金黄色柔毛。鞘翅近长方形，每个鞘翅上具2条完整且较长的刻纹，近外缘的第三条刻纹不完整并短于鞘翅的1/3。前足胫节外缘具4个细齿，端部具2个不等的尖齿；中足胫节外缘具3个细齿及后足胫节具2个；跗节细短，红棕色。

分布

　　国内分布于四川（黑水）。

大卫长阎甲

Syntelia davidis

昆虫纲 / 鞘翅目 / 长阎甲科

 国家重点保护
野生动物
二级

 IUCN
红色名录
NE

CITES
附录
未列入

形态特征

小型甲虫，成虫体近圆筒形，略扁平。体表黑色。头突出外露，头顶的刻点稀疏，眼周围的刻点密集；上颚强壮，短粗，内缘具4个钝齿，中间的2个钝齿较微小；触角膝状，末端膨大，具金黄色绒毛。前胸背板近方形，光滑，侧缘略微上卷，前缘具金黄色柔毛，前缘侧角明显突出。鞘翅近长方形，每个鞘翅上具2条完整且较长的刻纹，近外缘的第三条刻纹不完整并长于鞘翅的1/2。前足胫节外缘具4个细齿，端部具2个不等的尖齿；中足胫节外缘具3个细齿，后足胫节具2个；跗节细短，红棕色至黑褐色。

分布

国内分布于四川（宝兴）。

玛氏长阎甲

Syntelia mazuri

昆虫纲 / 鞘翅目 / 长阎甲科

 国家重点保护
野生动物
二级

 IUCN
红色名录
NE

 CITES
附录
未列入

形态特征

小型甲虫，成虫体近圆筒形，略扁平。体表暗蓝色，具金属光泽。头突出外露，眼周围密布刻点；上颚短粗，内缘具4个钝齿，表面密布均匀的小刻点；触角膝状，末端膨大，具金黄色绒毛。前胸背板近方形，光滑，侧缘略微上卷，前缘具金黄色柔毛，前缘侧角尖锐。鞘翅近长方形，每个鞘翅上具2条完整且较长的刻纹，近外缘的第三条刻纹长于鞘翅的2/3。前足胫节外缘具4个细齿，端部具2个不等的尖齿；中足胫节外缘具3个细齿，后足胫节具2个；跗节细短，红棕色。

分布

国内分布于四川（峨眉山）。

戴氏棕臂金龟

Propomacrus davidi

昆虫纲 / 鞘翅目 / 臂金龟科

形态特征

中大型甲虫。体狭长，椭圆形，前胸腹面两侧、前足胫节下面密被淡棕绒毛，体色浅棕；前胸背板栗褐色，各肢体两端、各骨片及鞘翅之四周色深近黑褐。头小，唇基眼脊片近梯形，额微凹，头顶有粗大刻点；复眼大；触角10节，鳃片部3节。前胸背板短阔，十分隆拱，布圆大麻点，有浅显中纵沟，侧缘钝角形扩出，最阔点明显后于中点；前缘狭，基部显著狭于翅基，侧缘锯齿形，后段锯齿粗深。小盾片半圆形。鞘翅无纵肋纹，缝肋未端后延呈小齿突。臀板甚短阔。足发达，前足腿节前缘中段有一小齿突，胫节最长；端部上内侧有一长指刺突，外缘基部约略锯齿形，近端处有齿突1枚，端距消失；中足后足正常，各有端距2枚。

分布

国内分布于江西、湖北、福建、浙江。

 国家重点保护野生动物 二级   IUCN 红色名录 NE   CITES 附录 未列入

雄

玛氏棕臂金龟

Propomacrus muramotoae

昆虫纲 / 鞘翅目 / 臂金龟科

形态特征

大型甲虫。雌雄前足差异极大。整体黑色。雄性前臂无绒毛，胫节上具两个齿突，后齿突较前齿突发达。前胸背板具密集刻点，侧边缘锯齿状。鞘翅有明显的隆起条纹，无黄色斑。

分布

国内分布于西藏（林芝）。国外分布于尼泊尔、不丹。

 国家重点保护野生动物 二级   IUCN 红色名录 NE   CITES 附录 未列入

雄

越南臂金龟

Cheirotonus battareli

昆虫纲 / 鞘翅目 / 臂金龟科

形态特征

　　大型甲虫，体长椭圆形。前胸背板甚隆拱，金属绿色，有前狭后宽深的中纵沟，四周密布大刻点，侧缘显著锯齿状。鞘翅黑褐，斑纹变异大，多为不规则黄褐斑点，斑点排列相比于格彩臂金龟较稀疏。小盾片半椭圆形。体腹面密被黄色柔长绒毛。雄虫前足十分延长，基部外侧缘有细齿3枚，胫节背面中段有短壮齿突1枚，末端内侧延长为细长指状突。雌虫前足不及雄虫延长。

分布

　　国内分布于云南。国外分布于越南、老挝。

 国家重点保护
野生动物
二级

 IUCN
红色名录
NE

 CITES
附录
未列入

雄

雄

左雌右雄

福氏彩臂金龟

Cheirotonus fujiokai

昆虫纲 / 鞘翅目 / 臂金龟科

形态特征

　　大型甲虫，体长椭圆形。前胸背板甚隆拱，金属绿色，中央部位刻点少，外缘刻点较为密集，侧缘锯齿状。鞘翅黑褐，斑纹变异大，多为较大偏圆的黄褐斑，斑点排列稀疏。小盾片半椭圆形。体腹面密被黄色柔长绒毛。雄虫前足十分延长，基部外侧缘有细齿4-5枚，胫节背面中段有短壮齿突2枚，末端内侧延长为细长指状突。雌虫前足不及雄虫延长。

分布

　　国内分布于陕西、湖南、广西。

 国家重点保护
野生动物
二级

 IUCN
红色名录
NE

 CITES
附录
未列入

雄

雄

格彩臂金龟

Cheirotonus gestroi

昆虫纲 / 鞘翅目 / 臂金龟科

形态特征

　　大型甲虫。体长椭圆形，前胸背板古铜色泛绿泛紫，刻点密集；鞘翅黑褐，斑纹变异大，多为不规则黄褐斑点，有些斑点中有黑褐小点，其余体表为金紫色。唇基深凹，前缘两侧端呈小齿突，额头顶部有矮弱中纵脊；复眼大。触角10节，鳃片部3节。前胸背板甚隆拱，有前狭后宽深的中纵沟，盘区滑亮，两侧有小坑各一，四周密布大刻点，侧缘显著锯齿状。小盾片半椭圆形。鞘翅端缘近横直，纵沟线模糊。臀板短阔，密被灰色绒毛，体腹面密被柔长绒毛。雄虫前足十分延长，腿节前缘中段角齿形扩出，由齿顶向端呈锯齿形；前胫匀称弯曲，背面中段有短壮齿突1枚，末端内侧延长为细长指状突，外缘有小刺突5-6枚；每足有爪1对。

分布

　　国内分布于云南、甘肃、广西、四川、陕西。国外分布于印度、越南、缅甸、泰国、老挝。

 国家重点保护
野生动物
二级

 IUCN
红色名录
NE

 CITES
附录
未列入

雌

雄

雄

台湾长臂金龟

Cheirotonus formosanus

国家重点保护野生动物 二级　　IUCN红色名录 NE　　CITES附录 未列入

昆虫纲 / 鞘翅目 / 臂金龟科

形态特征

大型甲虫。雄虫前足胫节具2个齿突，内侧无齿突；前胸具有强烈的金属光泽，呈现黑紫、黑绿或黑褐色，中央具1条纵沟，刻点少，盘区密布小刻点；翅鞘黑色，翅面黄斑偏圆且偏大，密度高。

分布

国内分布于台湾。

阳彩臂金龟

Cheirotonus jansoni

昆虫纲 / 鞘翅目 / 臂金龟科

形态特征

　　大型甲虫。雄虫头部密布皱纹，唇基深凹；前胸背板中纵沟深显，布圆大刻点，侧缘前段近斜直，锯齿形，后段强烈内弯，有2-3枚长锐齿突，后侧角锐而突出；前足腿节前缘中段仅有一小齿突。本种与格彩臂金龟十分相似，主要差别为：本种头面、前胸背板、小盾片金绿色光亮，足、鞘翅大部分黑色，有时有暗铜绿色泛光；鞘翅肩凸内侧、缘折内侧及缝肋内侧有浅褐条斑或斑点，臀板、中胸、后胸腹面与腹部腹面及中后足腿节金绿色。

分布

　　国内分布于浙江、江西、湖南、湖北、广西、海南、四川、重庆、贵州、广东、福建、江苏、安徽、云南、海南、陕西、西藏。国外分布于越南。

 国家重点保护
野生动物
二级

 IUCN
红色名录
NE

 CITES
附录
未列入

雄

左雌右雄

印度长臂金龟

Cheirotonus macleayii

昆虫纲 / 鞘翅目 / 臂金龟科

形态特征

大型甲虫。通体金绿色或古铜色，具金属光泽，鞘翅上散布不规则形状、大小不一的黄色或黄褐色斑块。前胸背板近六边形，中纵沟前窄后宽呈水滴状，盘区刻点稀疏。侧缘延展、扁平，具排列细密的锯齿。雄虫前足胫节内侧粗糙，外缘具3-5枚小细齿。雌虫前足胫节外缘具6枚大小不等的齿突。

分布

国内分布于广西、云南、西藏。国外分布于印度、缅甸、泰国、越南、老挝、尼泊尔、不丹。

 国家重点保护
野生动物
二级

 IUCN
红色名录
NE

 CITES
附录
未列入

雄

雄

昭沼氏长臂金龟

Cheirotonus terunumai

昆虫纲 / 鞘翅目 / 臂金龟科

形态特征

　　大型甲虫。雄虫前足胫节有2个齿突，弯曲程度较本属其他种类更大。前胸背板颜色多变，具有金属光泽，刻点密集。鞘翅底色为黑色，稍具光泽，表面具较小的偏圆形的黄色斑。

分布

　　国内分布于西藏。国外分布于印度、不丹、尼泊尔。

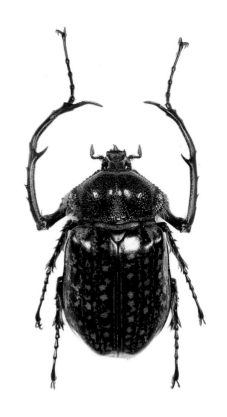

雄

 国家重点保护
野生动物
二级
 IUCN
红色名录
NE
 CITES
附录
未列入

艾氏泽蜣螂

Scarabaeus erichsoni

昆虫纲 / 鞘翅目 / 金龟科

形态特征

　　中小型甲虫。体背蓝或绿金属光泽，体腹及足色暗。头、足和胸部侧下缘密生黑毛。头部密布刻点，前唇基有4个独立的尖齿。前胸背板表面密布刻点，侧缘弧形，具细齿。小盾片可见。鞘翅粗糙，具竖条纹。腹面光滑密布绒毛。前足腿节在近前缘中部具1个小齿突。前足胫节具3个较长齿突和1个小齿。中后足胫节外缘各具2个小齿，跗节短小。

分布

　　国内分布于香港、台湾。国外分布于孟加拉国、印度、斯里兰卡。

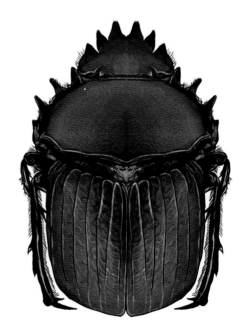

 国家重点保护
野生动物
二级
 IUCN
红色名录
NE
 CITES
附录
未列入

拜氏蜣螂

Scarabaeus babori

昆虫纲 / 鞘翅目 / 金龟科

形态特征

中型甲虫。体扁阔椭圆形，黑色，光泽较弱。头阔大，唇基前部向上弯翘，前缘有4枚大齿，中间2齿最长，侧2齿较短。眼上刺突宽大，三角形，前端齿状，与唇基4齿合成头部6齿。前胸背板横阔，侧缘圆弧形扩出，具锯齿。小盾片缺失。鞘翅隆拱，具细弱纵脊。胸下密布深褐色绒毛。前足胫节外缘具4个尖齿。中后足胫节仅有端距1枚，跗节十分纤细。

分布

国内分布于新疆。国外分布于阿富汗、伊朗、巴基斯坦、塔吉克斯坦、土库曼斯坦、乌兹别克斯坦。

国家重点保护 野生动物 二级	IUCN 红色名录 NE	CITES 附录 未列入

悍马巨蜣螂

Heliocopris bucephalus

昆虫纲 / 鞘翅目 / 金龟科

形态特征

大型甲虫。体棕黑色。雄虫唇基扩展呈半圆状，头部有1个较短角突。前胸背板强烈隆拱，顶部具2个前伸的角突，角突之间有1个向前扩展的横脊。前足胫节外缘具3个尖齿，跗节细弱。胸及腹下密布棕黄色绒毛。雌虫头部及前胸背板无角突。

分布

国内分布于浙江、海南、云南。国外分布于巴基斯坦、越南、老挝、印度尼西亚、缅甸、泰国、印度、孟加拉国、柬埔寨、马来西亚。

左雌右雄

国家重点保护 野生动物 二级	IUCN 红色名录 NE	CITES 附录 未列入

上帝巨蜣螂

Heliocopris dominus

昆虫纲 / 鞘翅目 / 金龟科

形态特征

大型甲虫。体黑色。雄虫头部具皱纹，唇基强烈扩展，边缘略呈弧形，两侧各具1个直立、较短而顶端分叉的柱形角突。前胸背板顶部有1个较粗壮而顶端尖锐的角突。前足胫节外缘具3个强壮的尖齿，跗节细弱。胸及腹下密布棕黄色绒毛。鞘翅光亮，具细弱纵脊。雌虫头部及前胸背板无角突。

分布

国内分布于云南。国外分布于孟加拉国、缅甸、泰国、马来西亚、老挝、越南、印度。

 国家重点保护
野生动物
二级

 IUCN
红色名录
NE

 CITES
附录
未列入

雄

雌

雄

迈达斯巨蜣螂

Heliocopris midas

昆虫纲 / 鞘翅目 / 金龟科

形态特征

大型甲虫。体黑色。雄虫头部唇基强烈扩展，边缘波浪形，两侧各具1个直立的柱形角突。前胸背板顶部有1个较粗壮而顶端截平的角突，并向头端逐渐变细；两侧的角突十分显著，和顶部的角突组合成"三叉戟"。前足胫节外缘具3个钝齿，跗节细弱。胸及腹下密布棕黄色绒毛。雌虫头部及前胸背板无角突。

分布

国内分布于西藏。国外分布于巴基斯坦、印度。

 国家重点保护野生动物 二级　　 IUCN 红色名录 NE　　 CITES 附录 附录Ⅱ

戴叉犀金龟

Trypoxylus davidis

昆虫纲 / 鞘翅目 / 犀金龟科

形态特征

中大型甲虫。体长椭圆形，深棕褐至黑褐色，较光亮。头较小，上有1个强壮向后弯曲的角突，角突端部分叉呈2支，近中部两侧有横出垂直生棘突各一。触角10节，鳃片部短壮，3节组成。前胸背板短阔，十分隆拱，表面光洁，中央有1个短壮微前倾直立角突，顶端分叉。小盾片大。鞘翅光洁，纵肋不显。臀板横阔近梭形。胸下密被绒毛。足壮实，前足胫节狭长，外缘3齿，端部2齿接近雌虫头、前胸简单，头上无角，前胸有似"干"形凹坑。本种是我国特产，生息于林中，十分罕见。本种头上角突的形状在犀金龟科也是很奇特的。

分布

中国特有种。分布于江西、福建。

 国家重点保护野生动物 二级　　 IUCN 红色名录 DD　　 CITES 附录 附录Ⅱ

《国家重点保护野生动物名录》备注：原名"叉犀金龟"

粗尤犀金龟

Eupatorus hardwickii

昆虫纲 / 鞘翅目 / 犀金龟科

形态特征

　　大型甲虫。雄虫唇基前缘深深中凹，两侧呈方形；下唇舌较短阔，表面有少数长毛，前胸腹板垂突短舌状。鞘翅边缘颜色比盘区淡，有3种色型：基本色型，盘区褐色，边缘具一圈黄褐色带；黄边型，盘区黑色，边缘具一圈黄褐色带；全黑型。存在过渡色型，盘区颜色较深。唇基顶端轻微中凹。额角依发育好坏或长或短，较粗壮。前胸前角较粗短，似一对大齿指向前方。前胸背角基部间距为6-7毫米，依发育好坏或长或短或仅有轻微突起，较粗短，偶有左右长短不一现象，几乎与身体垂直，近平行。前足胫节基齿较长尖，近钩形。

分布

　　国内分布于云南西部。国外分布于缅甸、越南。

 国家重点保护
野生动物
二级

 IUCN
红色名录
LC

 CITES
附录
附录Ⅱ

雄

雄

细角尤犀金龟

Eupatorus gracilicornis

昆虫纲 / 鞘翅目 / 犀金龟科

形态特征

大型甲虫。雄虫体长卵圆形，背面十分隆拱，深棕褐色，鞘翅除四周外呈草黄至黄褐色，十分油亮。头小，唇基前缘双齿形，头上有1个近圆柱形细长后弯的角突。触角10节，鳃片部3节。前胸背板甚隆拱，前窄后阔，散布微细刻点，前侧角稍后及顶部有前指强大的角突2对，四周有边框，侧缘后段近平行。小盾片大，三角形。鞘翅匀布细微刻点，4条纵肋模糊但可辨。臀板短阔菱形。胸部各腹板前部密被短毛，后部滑亮。腹部腹板两侧各有1排毛。足长大，前足胫节外缘3齿，中齿接近端齿，中、后足胫节端缘有2齿，后足第一跗节短于其后各节；每足有爪1对。

分布

国内分布于云南、广西。国外分布于印度、泰国、缅甸、越南、老挝、马来西亚。

国家重点保护
野生动物
二级

IUCN
红色名录
LC

CITES
附录
附录 II

雄

雌

雄

雄

胫晓扁犀金龟

Eophileurus tetraspermexitus

昆虫纲 / 鞘翅目 / 犀金龟科

国家重点保护
野生动物
二级

IUCN
红色名录
LC

CITES
附录
附录Ⅱ

形态特征

中型甲虫。体长椭圆形，深棕褐至黑色。头大，头面滑亮，唇基前端尖而上翘，额角锥形略扁。上颚前端尖齿形，向上折翘如獠牙。触角10节，鳃片部3节。前胸背板隆拱，四周布深大刻点，前部中央有凹坑，坑后有浅弱纵中沟，四周有边框，侧缘圆弧形；小盾片基部有少数刻点。鞘翅缝肋平，4条纵肋纹可辨。臀板短阔三角形，甚隆拱，布深大刻点。前胸垂突略似人的半身塑像。前足胫节外缘4齿，中足后足第一跗节后方扩大，端缘上方延长呈指状突。前足跗节粗壮，内爪扩大似握物之手。前足胫节外缘有4齿。

分布

国内分布于云南。国外分布于印度、缅甸、老挝、越南、马来西亚、泰国。

安达刀锹甲

Dorcus antaeus

昆虫纲 / 鞘翅目 / 锹甲科

形态特征

大型甲虫。雄成虫通体黑色，有光泽，具有宽广的身躯和发达的上颚。头部宽广，上颚粗，向内弯曲，端部尖，具1个大内齿。触角10节，末3节拓展。前胸背板横向，前后边缘具1排短的棕黄色刚毛。鞘翅光滑，具细微的小刻点，有几条不明显的纵向棱线。足强壮，前足胫节外缘多齿。雌成虫体态较修长，通体黑色，质地与雄虫相似，上颚短且尖。

分布

国内分布于西藏、云南、广西、贵州、海南。国外分布于印度、尼泊尔、不丹、缅甸、泰国、老挝、越南、马来西亚。

 国家重点保护野生动物 二级

 IUCN 红色名录 LC

 CITES 附录 附录Ⅱ

雄

雄

雄

雌

巨叉深山锹甲

Lucanus hermani

昆虫纲 / 鞘翅目 / 锹甲科

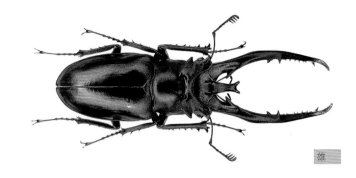

雄

形态特征

　　大型甲虫。雄虫体长而拱凸，暗褐色，鞘翅褐色，每部分的边缘和腿节的部分深褐色，背部和腹面覆盖灰白色绒毛，头部短而宽，背面深凹，前后角尖角形，前缘中央有1个直立式高横突；唇基突很长，前端呈叉状；上颚细长，内缘具众多小齿，中部2齿和近前端的一齿稍大，前胸背板短而宽，具密的细小皱纹和绒毛，前角向前延伸，前端尖，但侧角和后角钝。鞘翅较长大，具细密刻点和绒毛。前足顶端呈长叉状，外缘有4个尖侧齿。雌虫头部具细密和粗糙皱纹，复眼前呈稍尖的角形，前胸背板横宽，密布刻点和绒毛，前角稍尖，侧角和后角钝，鞘翅具细密刻点，足长大。

分布

　　国内分布于福建、浙江、海南、广西、广东、四川、湖北、湖南、安徽、贵州。

国家重点保护
野生动物
二级

IUCN
红色名录
LC

CITES
附录
附录Ⅱ

雌

雄

喙凤蝶

Teinopalpus imperialism

昆虫纲 / 鳞翅目 / 凤蝶科

雄

形态特征

　　大型凤蝶。触角棕红色。雄蝶翅背面褐色密布金绿色鳞，前翅约1/2处具黑色横带，其外侧有金黄绿色横带，中区、外中区和亚外缘具模糊的黑带，外缘黑色；后翅外中区具弯月状金黄色宽带，中后段有灰色鳞，向臀缘变为内侧镶黑边的灰白色细带，外中区黑褐色，亚外缘具黄绿色斑，外缘贯穿金绿色线，尾突黑色，末端金黄色。腹面前翅基1/3密布金绿色鳞，其余部分棕红色，黑带如背面，后翅斑纹同背面但色泽较浅。雌蝶前翅基1/3黑褐色散布金绿色鳞，其余部分底色深灰，黑带如雄蝶。后翅基1/3黑褐色散布金绿色鳞，其外侧至外中区具上宽下窄、后端黄色、两侧镶黑边的灰白色大斑，外侧后半部有灰鳞，中室端部具黑斑，亚外缘黑色，外缘后半段具黄绿色斑并贯穿金绿色线，尾突黑色，末端黄白色。腹面斑纹如背面，但前翅黑带窄。

分布

　　国内分布于西藏东南部、四川西部、云南西部至西南部。国外分布于印度次大陆至中南半岛北部区域。

国家重点保护
野生动物
一级

IUCN
红色名录
LG

CITES
附录
附录Ⅱ

雄

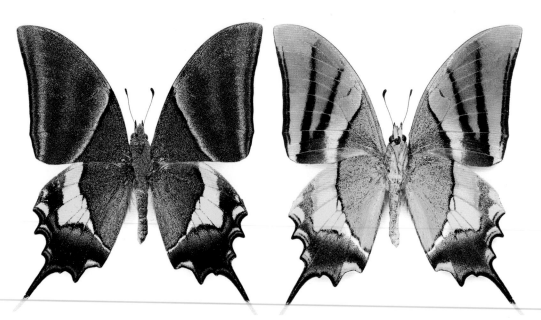

雄

金斑喙凤蝶

Teinopalpus aureus

昆虫纲 / 鳞翅目 / 凤蝶科

形态特征

　　大型凤蝶。外观与喙凤蝶相近，但易从以下特征区分：触角黑色；雄蝶前翅顶角圆钝；雄蝶前翅腹面外2/3灰色；雄蝶后翅中域金黄色斑呈饱满的五角形；雌蝶整体较白，后翅中域斑极大，呈乳白色。

分布

　　国内分布于广西、广东、福建、浙江、江西、海南及云南等地。国外分布于老挝、越南等地。

 国家重点保护
野生动物
一级　　 IUCN
红色名录
LC　　 CITES
附录
附录II

雌

雄

雌

裳凤蝶

Troides helena

昆虫纲 / 鳞翅目 / 凤蝶科

雌

形态特征

大型凤蝶。雄蝶前翅背面天鹅绒黑色，脉侧灰黄色。后翅金黄色半透明、翅脉黑色，前缘黑色宽，外缘各室具黑色钝三角斑，臀缘棕黑色。腹面斑纹与背面大体相同，前翅脉侧污白色；后翅臀角具1枚游离黑斑。雌蝶前翅背面黑褐色，脉侧灰色。后翅背面深黄色，前缘黑色区，臀缘棕褐色，外缘与各室具黑色三角斑。腹面斑纹同背面，后翅各室外缘污白色。

雄

分布

国内分布于广东、海南、香港、云南、广西等地。国外分布于中南半岛和马来群岛。

 国家重点保护
野生动物
二级

 IUCN
红色名录
LC

 CITES
附录
附录Ⅱ

雌

金裳凤蝶

Troides aeacus

昆虫纲 / 鳞翅目 / 凤蝶科

形态特征

　　大型凤蝶。与裳凤蝶相近，但易从以下特征区分：雄蝶前翅狭窄，顶角突出，外缘内凹，色较透明略有丝绢质感；雄蝶后翅外缘弧形具波齿，前缘处无黑色而为金黄色，臀区外缘三角斑内侧具灰色晕；雌蝶前翅脉侧灰白纹明显，后翅黑色斑列不与外缘黑斑接触，二者间具灰色晕。

分布

　　国内分布于甘肃及陕西南部、长江以南地区。国外分布于印度次大陆、中南半岛等地。

 国家重点保护
野生动物
二级

 IUCN
红色名录
EN

 CITES
附录
附录Ⅱ

雄

雌

雄

荧光裳凤蝶

Troides magellanus

昆虫纲 / 鳞翅目 / 凤蝶科

 国家重点保护野生动物 二级　 IUCN 红色名录 VU　CITES 附录 附录II　

形态特征

　　大型凤蝶。外观与裳凤蝶、金裳凤蝶相近，但易从以下特征区分：两性后翅金黄色，在逆光下呈现幻彩珠光；雄蝶前翅顶角不突出，外缘略内凹，脉侧白纹非常清晰；雄蝶后翅外缘平直具浅波齿，金黄色区域十分饱满，外缘黑斑窄，内侧无灰色晕；雌蝶后翅中区黑斑彼此相连成带状。

分布

　　国内分布于台湾（兰屿）。国外分布于菲律宾。

雄

雌

鸟翼裳凤蝶

Troides amphrysus

昆虫纲 / 鳞翅目 / 凤蝶科

 国家重点保护野生动物 二级　 IUCN 红色名录 LC　CITES 附录 附录II　

形态特征

　　大型凤蝶。雄蝶前翅背面底色天鹅绒黑色，中室端具金黄色斑，翅前端1/2区脉侧金色纹明显，后半区靠外缘1/4处脉侧金色纹明显；后翅金黄色、翅脉黑色，外缘各室具黑色钝三斑，臀缘黄褐色。雌蝶前翅翅纹与雄蝶相似，但前翅中室端斑及脉侧纹为污白色；后翅前缘为黑色区，中区黑斑彼此相连，沿外缘在前半具有大小交替的黄色斑，后半则不明显。

分布

　　分布于马来半岛、婆罗洲、苏门答腊、爪哇至巴厘岛。

雄

珂裳凤蝶

Troides criton

昆虫纲 / 鳞翅目 / 凤蝶科

形态特征

　　大型凤蝶。雄蝶前翅背面天鹅绒黑色。后翅中央形成1个金黄色区域，其中翅脉黑色，金色中央区被1条宽黑色带沿着中室基部、内缘、臀角、外缘包围；腹面与背面相似。雌蝶翅纹与雄蝶相似，中央区为暗黄色，暗黄色区靠翅基端呈截平状，靠外缘端则有黑色圆形内凹斑纹；腹面与背面相似。

分布

　　分布于印度尼西亚马鲁古群岛的莫洛泰岛、哈马黑拉岛至奥比岛。

 国家重点保护
野生动物
二级

 IUCN
红色名录
NT

 CITES
附录
附录 II

雄

楔纹裳凤蝶

Troides cuneifera

昆虫纲 / 鳞翅目 / 凤蝶科

形态特征

　　大型凤蝶。翅纹与鸟翼裳凤蝶相似，不同之处为：雄蝶前翅脉侧为浅黄白色纹；后翅臀区靠外缘的黑带较宽，cu$_2$室靠翅缘的黑斑呈长牙状。雌蝶前翅脉侧纹为浅黄白色；后翅沿外缘皆有黄色斑。

分布

　　分布于马来半岛、苏门答腊、爪哇。

 国家重点保护
野生动物
二级

 IUCN
红色名录
LC

 CITES
附录
附录 II

雄

小斑裳凤蝶

Troides haliphron

昆虫纲 / 鳞翅目 / 凤蝶科

国家重点保护野生动物 二级　IUCN 红色名录 LC　CITES 附录 附录II

形态特征

　　大型凤蝶。雄蝶前翅背面底色天鹅绒黑色，脉侧灰白色，后翅中央金黄色斑明显较同属其他种类小，呈条状，略呈长四边形，宽度仅约后翅1/3宽。雌蝶前翅背面底色较雄蝶浅，呈黑褐色，脉侧灰白色纹较雄蝶明显。后翅中室靠翅基1/2、前缘及靠外缘1/2宽至臀角皆呈连续黑带，中室外之中区各翅室黄色斑内有呈1列的大型黑色斑。黄色斑纹整体较同属其他雌蝶小。

分布

　　分布于苏拉威西南部、小巽他群岛、龙目岛到塔宁巴岛。

雌

雄

多尾凤蝶

Bhutanitis lidderdalii

昆虫纲 / 鳞翅目 / 凤蝶科

国家重点保护野生动物 二级　IUCN 红色名录 LC　CITES 附录 未列入

形态特征

　　大型凤蝶。体翅黑褐色，尾突4枚。雄蝶翅背面黑褐色，前翅有8条波曲的黄白色细线；后翅饰有黄白色网状纹，臀角具暗红色大斑，其下方黑色有3枚蓝白色斑，外缘具橙黄色斑。腹面斑纹似背面，色泽较淡，但黄白色纹更密、外缘橙色斑明显。雌蝶斑纹同雄蝶。

分布

　　国内分布于云南、西藏。国外分布于不丹、印度、缅甸及泰国北部。

不丹尾凤蝶

Bhutanitis ludlowi

昆虫纲 / 鳞翅目 / 凤蝶科

形态特征

　　大型凤蝶。体翅黑色，尾突3枚。雄蝶翅背面黑褐色，前翅布有8条波曲的灰白色细线，第一条较其他宽；后翅饰有灰白色网状纹，臀角具红色大斑，其下方黑色有3枚蓝白色斑，外缘具黄白色纹。

分布

　　国内分布于西藏。国外分布于不丹和印度交界处。

 国家重点保护
野生动物
二级

 IUCN
红色名录
DD

 CITES
附录
未列入

双尾凤蝶

Bhutanitis mansfieldi

昆虫纲 / 鳞翅目 / 凤蝶科

 国家重点保护
野生动物
二级

 IUCN
红色名录
VU

 CITES
附录
未列入

形态特征

　　中小型凤蝶。体翅褐色，尾突2枚，复眼周围具毛，触角腹面锯齿状。雄蝶前背面褐色，前翅布有7条波曲的黄色宽带。后翅有粗重的黄色网纹，臀角具红色弧形斑，下方具3枚模糊的灰斑，外缘具橙黄色斑。腹面斑纹如背面，鳞片稀少而呈油纸状，黄纹宽阔发达。雌蝶斑纹似雄蝶，翅色更淡，黄纹更宽。

分布

　　分布于四川、云南。

玄裳尾凤蝶

Bhutanitis nigrilima

昆虫纲 / 鳞翅目 / 凤蝶科

国家重点保护
野生动物
二级　　IUCN
红色名录
NE　　CITES
附录
未列入

形态特征

中型凤蝶。体翅黑褐色，尾突3枚。雄蝶翅背面褐色，前翅布有8条波曲的淡黄色带；后翅饰有淡黄色网状纹，臀角具紫红色长形斑，锯状，狭而极倾斜，下方3枚蓝白色斑，外缘具4枚黄棕色斑，中室端部及外侧无黄色线。雌蝶斑纹近似雄蝶。

分布

分布于四川。

三尾凤蝶

Bhutanitis thaidina

昆虫纲 / 鳞翅目 / 凤蝶科

国家重点保护
野生动物
二级　　IUCN
红色名录
LC　　CITES
附录
附录Ⅱ

形态特征

中型凤蝶。体翅黑褐色，尾突3枚。雄蝶翅背面褐色，前翅布有8条波曲的淡黄色带；后翅饰有淡黄色网状纹，臀角具鲜红色长形斑，下方有3枚蓝白色斑，外缘具橙黄色斑。腹面斑纹如背面，色泽淡而呈油纸状。雌蝶斑纹似雄蝶，但翅色更显棕色，黄纹变细但颜色较深，后翅红斑色较浅。

分布

分布于四川、陕西和云南。

玉龙尾凤蝶

Bhutanitis yulongensisn

昆虫纲 / 鳞翅目 / 凤蝶科

形态特征

　　中型凤蝶。体翅黑褐色，尾突3枚。雄蝶前翅背面褐色，布有8条波曲黄白色斜带，第二条斜带近后缘向外弯曲，与第四条相接；第六条前半段明显分叉。后翅黄白色带纹与红斑很宽且特别鲜艳，所有带纹在中室端部互相交错成网纹。

分布

　　分布于云南。

 国家重点保护
野生动物
二级

 IUCN
红色名录
NE

 CITES
附录
未列入

丽斑尾凤蝶

Bhutanitis pulchristriata

昆虫纲 / 鳞翅目 / 凤蝶科

形态特征

　　中小型凤蝶。体翅褐色，尾突2枚，复眼周围具毛，触角腹面锯齿状。雄蝶前翅背面褐色，布有7条波曲的黄色宽带，第六条黄色带外侧无附加的影带。后翅有粗重的黄色网纹，臀角具红色弧形斑，下方具3枚模糊的灰斑，外缘具橙黄色斑，臀角处的缺刻呈90度，突出呈钝角三角形。雌蝶斑纹近似雄蝶，翅色较淡。

分布

　　分布于四川。

 国家重点保护
野生动物
二级

 IUCN
红色名录
NE

 CITES
附录
未列入

锤尾凤蝶

Losaria coon

昆虫纲 / 鳞翅目 / 凤蝶科

形态特征

　　大型凤蝶。雄蝶翅背面基黑色，前翅外3/4具明显的辐射状灰色中室纹及脉侧纹，外缘灰黑色；后翅中域白色具黑色翅脉，外缘具2枚大白斑和2枚小红斑。腹面斑纹如背面，前翅色更淡。雌蝶翅形稍宽圆，斑纹似雄蝶但色泽暗淡。

分布

　　国内分布于海南。国外分布于印度次大陆至马来群岛西侧广大区域。

 国家重点保护
野生动物
二级

 IUCN
红色名录
LC

 CITES
附录
未列入

中华虎凤蝶

Luehdorfia chinensis

昆虫纲 / 鳞翅目 / 凤蝶科

 国家重点保护
野生动物
二级

 IUCN
红色名录
DD

CITES
附录
未列入

形态特征

　　小型凤蝶。翅底色呈黄色，前翅具有多条黑色纵带，中室及中室端具有6条黑色纵带，中室后方具有2条黑色纵带。后翅外缘锯齿状，在齿凹处有弯月形黄色斑纹，内嵌蓝斑，蓝斑内侧具有红斑，尾突较短。

分布

　　分布于江苏、浙江、湖北、河南、陕西等地。

雄

雌

最美紫蛱蝶

Sasakia pulcherrima

昆虫纲 / 鳞翅目 / 蛱蝶科

国家重点保护
野生动物
二级

IUCN
红色名录
NE

CITES
附录
未列入

形态特征

大型蛱蝶。翅黑色，雄蝶前翅基半部有蓝紫色闪光，无白斑；端半部各翅室有窄长"V"形灰白纹。后翅基中区有蓝紫色闪光，亚缘区各翅室有2条灰白纹，臀角有红斑。前翅腹面中室基部有"V"形黄白斑，中室端部及中室后3个蓝白斑排成弧形。后翅腹面翅室基部灰白色，肩角具1个黑色圆点，中室前缘内有1个小黑点。

分布

分布于四川。

黑紫蛱蝶

Sasakia funebris

昆虫纲 / 鳞翅目 / 蛱蝶科

国家重点保护
野生动物
二级

IUCN
红色名录
NE

CITES
附录
未列入

形态特征

大型蛱蝶。翅黑色，翅面基部和中部随着观察的角度不同，呈现出蓝黑色或黑紫色，有天鹅绒蓝色光泽。前翅背面翅脉间有长"V"形白色条纹，中室内有1条红色纵纹，雄蝶有时不明显。后翅翅面翅脉间有平行白色长条纹。翅腹面和翅背面的斑纹和色泽相似，但前翅中室外部及下方有4个灰白色斑点，基部为箭头状红斑，后翅基部有1个耳环状红斑。

分布

分布于浙江、福建、四川、陕西、甘肃等地。

阿波罗绢蝶

Parnassius apollo

昆虫纲 / 鳞翅目 / 绢蝶科

 国家重点保护野生动物 二级　 IUCN 红色名录 VU　 CITES 附录 未列入　

形态特征

　　大型绢蝶。翅背面白色，翅脉黄褐色。前翅翅面外缘黑色半透明，亚外缘有不规则的黑褐带，中室有2个略呈方形的大黑斑，中室外有2列黑斑，后缘中部有黑色斑纹。后翅翅面亚外缘黑带断裂为6个黑斑，中部有2个外围黑环、内有白心的大红或橙红斑，翅基及内缘区半部黑色，臀角有2个并列的黑斑。翅腹面似背面，但后翅基部有4个外围黑边的红斑，臀角斑亦为外围黑边的红斑。雌蝶翅面斑纹似雄蝶，但翅面散生的黑色鳞片较密，后翅红斑较雄蝶大而鲜艳。

分布

　　国内分布于新疆。国外分布于欧洲及中亚各国。

君主绢蝶

Parnassius imperator

昆虫纲 / 鳞翅目 / 绢蝶科

国家重点保护
野生动物
二级

IUCN
红色名录
NE

CITES
附录
未列入

形态特征

　　中大型绢蝶。翅背面白色或淡黄色，翅脉黄褐色，前翅外缘带黑褐色半透明，亚外缘有锯齿状黑色带，中室有2个长方形大黑斑，中室外和后缘中部有3个黑斑，有时连接形成"S"形黑色横带；后翅亚外缘有黑色带，中部有2个黑边白心的大红或橙红斑，臀角有2个外围黑环的大蓝斑，翅基及内缘区黑色，基部有时显现1个红色斑，外方有1条黑色横条纹。腹面斑纹与背面类似，但后翅基部有3个红斑。

分布

　　分布于甘肃、青海、四川、云南、西藏等地。

大斑霾灰蝶

Maculinea arionides

昆虫纲 / 鳞翅目 / 灰蝶科

形态特征

　　中型灰蝶。翅背面蓝紫色，前翅中室中部及端斑各有1个黑斑，围绕中室外侧有黑色近楔形斑1列，外缘有黑色宽带；后翅中室端、中域、外缘有黑斑列；腹面蓝灰色，后翅基部有3个黑斑，前后翅外缘、亚缘有黑斑列，其余斑同背面。

分布

　　国内分布于黑龙江、吉林、辽宁等地。国外分布于日本、俄罗斯、朝鲜半岛等地。

 国家重点保护野生动物 二级　　 **IUCN 红色名录** NE　　 **CITES 附录** 未列入

秀山白灰蝶

Phengaris xiushani

昆虫纲 / 鳞翅目 / 灰蝶科

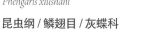

形态特征

　　中大型灰蝶。躯体背侧暗褐色，腹侧白色。雄蝶前翅背面底色白色，黑边从臀角向外缘中间延伸后再向翅先端变宽，并且与3个黑斑重叠，中室端小黑斑不明显，翅腹面底色白色，前翅中室端与中室中央具黑斑，亚外缘线较外缘线宽，后翅中央斑列大角度弯曲。雌蝶与雄蝶相似，但体型略大于雄蝶，双翅外缘黑色边较发达。

分布

　　分布于云南西北部。

 国家重点保护野生动物 二级　　 **IUCN 红色名录** NE　　 **CITES 附录** 未列入

海南塞勒蛛

Cyriopagopus hainanus

蛛形纲 / 蜘蛛目 / 捕鸟蛛科

形态特征

特大型蜘蛛。体长33-59毫米，雌雄异型，雄性个体通常较小。头胸部青黑色，着生有灰白色细毛和稀疏的浅黄褐色毛，边缘具密集的黄褐色硬长毛。8眼着生于眼丘上。螯肢外侧面具浓密白色长毛，下缘具10根左右羽状发声毛用于求偶沟通，后齿堤具大齿。下唇、颚叶均具疣突，颚叶前侧面具音锉。胸板具3对肌痕。触肢、步足粗壮，青黑色，被稀疏黄褐色毛，腿节腹面的毛呈刷状，跗节末端均具毛丛。3爪。腹部多毛，土黄色，背面中央具6条"八"字形黑色横斑和1条黑色纵斑，覆有黑色、黄褐色长毛；腹面密布黑色短毛和长毛。纺器2对，黑色。

分布

中国特有种。分布于海南中南部。

 国家重点保护
野生动物
二级

 IUCN
红色名录
NE

 CITES
附录
未列入

中国鲎

Tachypleus tridentatus

肢口纲 / 剑尾目 / 鲎科

形态特征

现生鲎中体型最大的一种。被誉为"活化石"。体长（含尾剑）可达500毫米。由头胸部、腹部和尾剑3部分组成。身体覆硬甲，头胸部背甲呈马蹄形，腹部背甲略呈六角形，末端有3枚棘状突起，也称三棘鲎。雄鲎两侧缘有6对可活动的倒刺，雌鲎仅3对倒刺较显著。尾剑三棱锥形，长度大致等于背甲。血液含铜离子，遇空气呈蓝色。

分布

分布西太平洋海区。国内分布于福建、广东、广西、海南、台湾等地。主要生活在浅海沙质底，繁殖季节常成对出现在盐度较低的河口，尤其是红树林区，幼体在潮间带生活。

国家重点保护
野生动物
二级

IUCN
红色名录
EN

CITES
附录
未列入

圆尾蝎鲎

Carcinoscorpius rotundicauda

肢口纲 / 剑尾目 / 鲎科

形态特征

现生鲎中体型最小的一种，体内含河豚毒素。被誉为"活化石"。体长（含尾剑）可达300毫米。由头胸部、腹部和尾剑3部分组成。身体覆硬甲，头胸部背甲呈马蹄形，腹部背甲略呈六角形。尾剑光滑圆润，横截面近圆形，因而得名。血液含铜离子，遇空气呈蓝色。

分布

广泛分布于印度洋-西太平洋海区。国内分布于广西、广东、海南、香港等地。成体主要栖息于浅海沙质或泥沙质底，繁殖季节常成对出现在盐度较低的河口，尤其是红树林区，幼体在潮间带生活。

 国家重点保护
野生动物
二级

 IUCN
红色名录
DD

 CITES
附录
未列入

锦绣龙虾

Panulirus ornatus

软甲纲 / 十足目 / 龙虾科

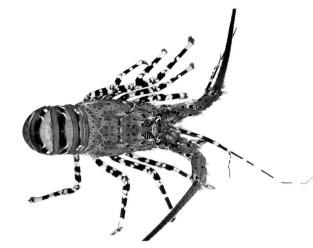

形态特征

　　体长约400毫米。体呈圆筒形。头胸甲略带蓝色，被有短软毛，具尖锐明显的棘刺，越靠近前端，棘刺越尖锐。眼肾形，黑褐色，眼上棘基部具大理石花纹。第二触角又粗又长，基部具长棘，鞭部密布细刺。步足与第一触角均布满黑黄相间的斑节状花纹。体表呈绿色，腹部各节背面具黑色粗带，粗带两端具淡黄色斑点。

分 布

　　广泛分布于印度洋-西太平洋海区。国内分布于广东、海南、福建和台湾等地。栖息于浅海岩礁、珊瑚礁或泥沙质底。

 国家重点保护
野生动物
二级

 IUCN
红色名录
LC

 CITES
附录
未列入

《国家重点保护野生动物名录》备注：仅限野外种群

大珠母贝

Pinctada maxima

双壳纲 / 珍珠贝目 / 珍珠贝科

形态特征

　　壳长可达300毫米。壳呈圆方形，背缘较直，腹缘圆，前耳小，后耳不明显。壳表黄褐色或青褐色，具覆瓦状排列的鳞片。壳厚重，较扁平，内面珍珠层极厚，银白色，富有光泽。

分布

　　分布于西太平洋热带海区。国内分布于广东、海南和台湾。栖息于浅海沙质或石砾质底。

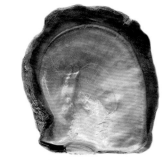

 国家重点保护野生动物
二级

 IUCN 红色名录
NE

 CITES 附录
未列入

《国家重点保护野生动物名录》备注：仅限野外种群

大砗磲

Tridacna gigas

双壳纲 / 帘蛤目 / 砗磲科

形态特征

　　双壳类中个体最大的种类，被誉为"双壳贝类之王"。壳长可达1300毫米以上。壳呈近三角形或扇形，背缘较平，腹缘呈波浪状。壳表灰白色，具4-6条粗壮的放射肋，生长线明显并形成弯曲重叠的皱褶。壳厚重，内面白色，有与放射肋相应的肋间沟。两壳均有主齿、后侧齿各1枚。足丝孔小。

分布

　　分布于印度洋-西太平洋热带海区。国内分布于海南。穴居于浅海珊瑚礁间沙底，生活状态两壳张开，外套膜外露，有虫黄藻共生，色彩鲜艳。

 国家重点保护野生动物
一级

 IUCN 红色名录
VU

 CITES 附录
附录II

《国家重点保护野生动物名录》备注：原名"库氏砗磲"

无鳞砗磲

Tridacna derasa

双壳纲 / 帘蛤目 / 砗磲科

形态特征

壳长可达500毫米。壳呈扇形，侧扁。壳表黄白色，具5-12条宽而低平的放射肋，并具细的放射肋，生长线明显。壳内面白色。两壳均有主齿1枚，侧齿在左壳1枚，右壳2枚。足丝孔窄而凹，孔缘具6-7个褶襞。

分布

分布于印度洋-西太平洋热带海区。国内分布于海南和台湾。栖息于潮间带低潮线附近至浅海珊瑚礁间或珊瑚碎屑底，生活状态两壳张开，外套膜外露，有虫黄藻共生，色彩鲜艳。

国家重点保护野生动物 二级　IUCN 红色名录 VU　CITES 附录 附录Ⅱ

《国家重点保护野生动物名录》备注：仅限野外种群

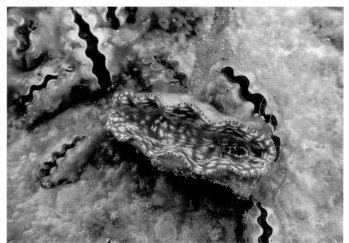

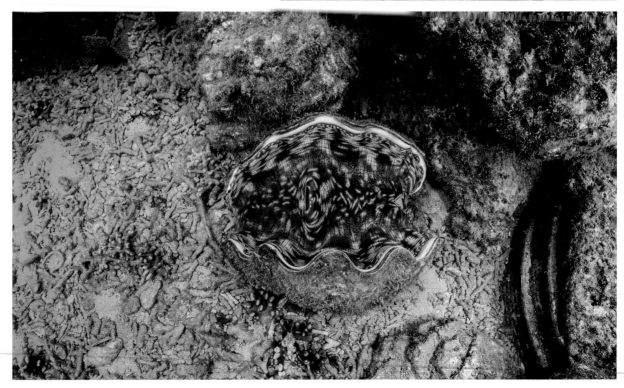

鳞砗磲

Tridacna squamosa

双壳纲 / 帘蛤目 / 砗磲科

形态特征

　　壳长可达400毫米。壳呈扇形或卵圆形，背缘较平，腹缘呈波浪状。壳表黄白色，具5-6条强壮的放射肋，其上布有翘起的鳞片状突起。壳坚厚，内面白色，有光泽，两壳均有主齿1枚，后侧齿在左壳1枚，右壳2枚。足丝孔长卵形，孔缘具6-8个褶襞。

分布

　　广泛分布于印度洋-西太平洋热带海区。国内分布于海南和台湾。栖息于潮间带低潮线附近至浅海珊瑚礁间，以足丝固着在珊瑚上。生活状态两壳张开，外套膜外露，有虫黄藻共生，色彩鲜艳。

 国家重点保护
野生动物
二级

 IUCN
红色名录
CD

 CITES
附录
附录 II

《国家重点保护野生动物名录》备注：仅限野外种群

长砗磲

Tridacna maxima

双壳纲 / 帘蛤目 / 砗磲科

形态特征

　　壳长可达350毫米。壳呈长卵圆形，前端突出延长，后端短。壳表黄白色，具5-6条宽大的放射肋，其上排列着覆瓦状的鳞片。壳厚重，内面白色，边缘呈淡黄色，两壳均有主齿1枚，后侧齿在左壳1枚，右壳2枚。足丝孔大，长卵圆形，孔缘具排列稀疏的齿状突起。

分布

　　广泛分布于印度洋-西太平洋热带海区。国内分布于海南和台湾，栖息于潮间带低潮线附近至浅海珊瑚礁间，生活状态两壳张开，外套膜外露，有虫黄藻共生，色彩鲜艳。

 国家重点保护
野生动物
二级

 IUCN
红色名录
CD

 CITES
附录
附录 II

《国家重点保护野生动物名录》备注：仅限野外种群

番红砗磲

Tridacna crocea

双壳纲 / 帘蛤目 / 砗磲科

形态特征

　　壳长可达120毫米。壳呈卵圆形。壳表灰白色或黄色，具6-8条宽平的放射肋，同心生长线呈覆瓦状。壳厚重，内面白色，两壳均有主齿1枚，后侧齿在左壳1枚，右壳2枚。足丝孔大，孔缘具4-9个褶襞。

分布

　　分布于印度洋-西太平洋热带海区。国内分布于海南和台湾。栖息于潮间带低潮线附近至浅海珊瑚礁间，生活时完全隐藏在珊瑚礁中，外套膜外露，有虫黄藻共生，色彩鲜艳。

 国家重点保护
野生动物
二级

 IUCN
红色名录
LC

 CITES
附录
附录II

《国家重点保护野生动物名录》备注：仅限野外种群

砗蚝

Hippopus hippopus

双壳纲 / 帘蛤目 / 砗磲科

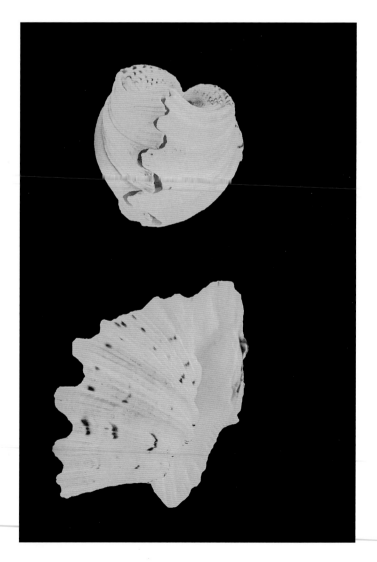

形态特征

　　壳长可达400毫米。壳呈近菱形，前端凸圆，后端尖细，背缘稍平，腹缘呈波状。壳表黄白色，杂有紫色斑点，具13-14条主肋，各主肋间有2条细肋。壳厚重，内面白色，有与放射肋相应的深沟，两壳均有主齿和侧齿各1枚。足丝孔窄，孔缘具1列齿状突起。

分布

　　分布于印度洋-太平洋热带海区。国内分布于海南和台湾。栖息于潮间带低潮线附近至浅海珊瑚礁间，幼体以足丝附着生活，成体营自由生活。

 国家重点保护
野生动物
二级

IUCN
红色名录
CD

 CITES
附录
附录II

《国家重点保护野生动物名录》备注：仅限野外种群

珠母珍珠蚌

Margaritiana dahurica

双壳纲 / 蚌目 / 珍珠蚌科

国家重点保护野生动物 二级　IUCN红色名录 NE　CITES附录 附录Ⅱ

形态特征

　　壳大型，壳长60-200毫米。壳呈长椭圆形，壳顶常腐蚀。壳表黄褐色，生长纹显著。壳较厚，内面珍珠白色，内齿较发达，但后侧齿退化消失。

分布

　　分布于我国黑龙江和内蒙古等地，俄罗斯和蒙古也广泛分布。栖息于具有一定流速的江河、溪流中，半掩埋1-6米的泥沙底或卵石底中营滤食生活。

佛耳丽蚌

Lamprotula mansuyi

双壳纲 / 蚌目 / 蚌科

形态特征

　　壳中型，壳长80-180毫米。壳呈近三角形，壳顶常腐蚀。壳表黑褐色，生长纹显著，后背嵴及靠近背缘具"人"字形条肋。壳极厚重，内面珍珠白色，内齿发达。

分布

　　狭布于我国广西平江河与左江等西江上游的部分江段，越南北部平江河流域也有分布。栖息于湍急的大型江河中，躲藏在2-8米的卵石底营滤食生活。

国家重点保护野生动物 二级　IUCN红色名录 DD　CITES附录 未列入

绢丝丽蚌

Lamprotula fibrosa

双壳纲 / 蚌目 / 蚌科

 国家重点保护野生动物 二级　 IUCN 红色名录 LC　 CITES 附录 未列入　

形态特征

壳中型，壳长80-140毫米。壳呈近三角形或椭圆形。壳表黄绿色，具银灰色绒毛，生长纹显著，后背嵴具"人"字形粗肋。壳厚鼓，多具复杂瘤突，内面珍珠白色，内齿发达。

分布

中国特有种。分布于湖南、湖北、安徽、江西、江苏和河南等地。栖息于流速缓慢的大型江河和天然大型湖泊中，半掩埋3-8米的泥底或泥沙底中营滤食生活。

背瘤丽蚌

Lamprotula leai

双壳纲 / 蚌目 / 蚌科

形态特征

壳中型，壳长80-190毫米。壳呈椭圆形或水滴形。壳表银灰色或黑色，具银灰色绒毛，生长纹清晰，后背嵴具"人"字形条肋。壳厚，具明显瘤突或条肋，内面珍珠白色，内齿发达。

分布

分布于我国河南、河北、山东、安徽、四川、湖南、福建、江西、浙江、广东、台湾等地。栖息于流速缓慢的江河、水库或天然湖泊中，半掩埋2-8米的泥沙底中营滤食生活。

 国家重点保护野生动物 二级　 IUCN 红色名录 LC　 CITES 附录 未列入

多瘤丽蚌

Lamprotula polysticta

双壳纲 / 蚌目 / 蚌科

形态特征

壳小型，壳长60-90毫米。壳呈近三角形或椭圆形。壳表黄棕色，靠近前端腹缘具银灰色绒毛，生长纹显著，后背嵴具"人"字形粗肋。壳较厚鼓，具复杂瘤突，内面珍珠白色，内齿发达。

分布

国内分布于湖南和江西等地。栖息于流速较快的大型江河中，半掩埋3-8米的泥沙底中营滤食生活。

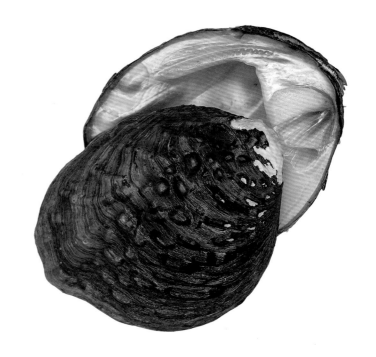

 国家重点保护
野生动物
二级

 IUCN
红色名录
VU

 CITES
附录
未列入

刻裂丽蚌

Lamprotula scripta

双壳纲 / 蚌目 / 蚌科

形态特征

壳中型，壳长90-140毫米。壳呈近椭圆形。壳表黄绿色或黄棕色，有色带，具银灰色绒毛，生长纹显著，后背嵴靠背缘具粗肋。壳厚鼓，多具瘤突，中部常有羽状雕刻凹陷，内面珍珠白色，内齿发达。

分布

国内分布于湖南、河南、安徽、江西、江苏、福建等地。栖息于流速缓慢的大型江河以及天然大型湖泊中，半掩埋3-8米的泥底或泥沙底中营滤食生活。

 国家重点保护
野生动物
二级

 IUCN
红色名录
VU

 CITES
附录
未列入

中国淡水蛏

Novaculina chinensis

双壳纲 / 蚌目 / 截蛏科

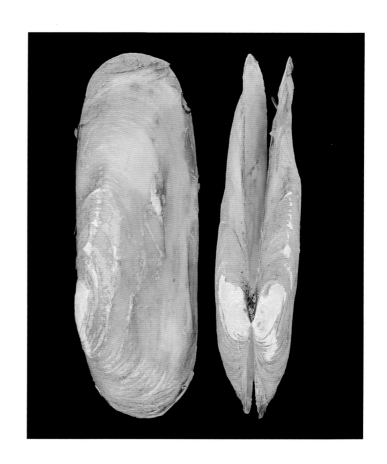

形态特征

　　壳长约35毫米。壳呈长方形，壳长约为壳高的3倍，背、腹缘近平行。壳表被黄绿色壳皮，周缘具褐色壳皮皱褶。壳面具不规则同心圆生长纹，壳顶常腐蚀。两壳关闭时，前、后端开口。壳质薄而脆，内面白色，无珍珠层。

分布

　　中国特有种。分布于江苏、福建、山东、湖北、广东等地。栖息于河流和湖泊的泥质或沙质底。

国家重点保护
野生动物
二级

IUCN
红色名录
NE

CITES
附录
未列入

龙骨蛏蚌

Solenaia carinatus

双壳纲 / 蚌目 / 截蛏科

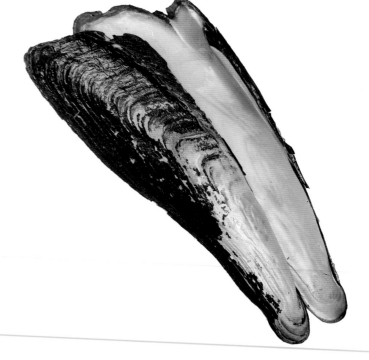

形态特征

　　壳巨型，壳长350-416毫米。壳呈近长锥形。壳表黄棕色或黑褐色，壳顶周围常腐蚀，生长纹清晰，后背嵴具发达的龙骨状突起，因而得名。壳较厚，内面珍珠白色。

分布

　　中国特有种。分布于湖南和江西。栖息于流速缓慢的大型江河以及天然大型湖泊中，穴居5-12米的泥底或泥沙底中营滤食生活。

国家重点保护
野生动物
二级

IUCN
红色名录
NE

CITES
附录
未列入

鹦鹉螺

Nautilus pompilius

头足纲 / 鹦鹉螺目 / 鹦鹉螺科

形态特征

被誉为"活化石"。壳长约180毫米。壳呈螺旋形，壳质薄，生长纹明显。壳表光滑，呈黄白色，自脐部向四周辐射出波状红褐色花纹，壳口后侧壳面呈黑褐色。壳内面具珍珠光泽。成体脐部封闭。动物软体具数十只腕。

分布

分布于印度洋-西太平洋热带海域。国内分布于海南、台湾等地。可匍匐于海底或用腕部附着在岩礁或珊瑚礁间，也可凭借气室悬浮于海水中。

 国家重点保护
野生动物
一级

 IUCN
红色名录
NE

 CITES
附录
附录II

螺蛳

Margarya melanioides

腹足纲 / 中腹足目 / 田螺科

形态特征

壳长约60毫米。壳呈塔形，壳顶钝，体螺层膨大。壳表呈绿褐色或褐色，顶部螺层中部呈角状，具2-3个念珠状螺肋，体螺层上有5条螺肋，并具大的棘状突起。壳内灰白色。壳口近圆形，脐孔小，常被内唇遮盖。厣角质，梨形，红褐色。

分布

中国特有种。仅分布于云南。栖息于高原湖泊中。

 国家重点保护
野生动物
二级

 IUCN
红色名录
EN

 CITES
附录
未列入

夜光蝾螺

Turbo marmoratus

腹足纲 / 原始腹足目 / 蝾螺科

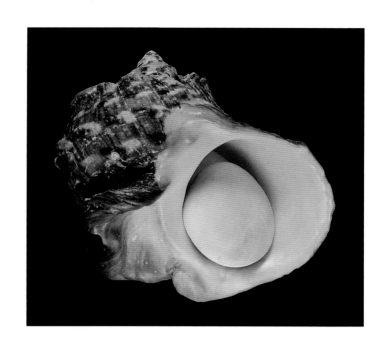

形态特征

　　壳长约150毫米。壳呈近球形，大而厚重。壳表平滑，呈暗绿色，具白色和黑褐色相间的纵带和斑块。壳口圆形，内面珍珠层厚，具彩虹光泽。厣石灰质圆形，外部凸圆，厚重。

分布

　　印度洋-太平洋暖海区广布种，国内分布于海南、台湾等地。栖息于浅海海藻繁茂的岩礁和珊瑚礁质底。

 国家重点保护
野生动物
二级

 IUCN
红色名录
NE

 CITES
附录
未列入

虎斑宝贝

Cypraea tigris

腹足纲 / 中腹足目 / 宝贝科

形态特征

　　壳长约90毫米。壳呈卵圆形。壳质结实，背部膨圆。壳表极光滑，呈灰白色或淡褐色，布满不规则的黑褐色斑点，腹面白色。壳口窄长，内面白色，两唇缘具齿裂。前沟凸出，后沟钝。

分布

　　印度洋-太平洋暖海区广布种，国内分布于海南、台湾、香港等地。栖息于潮间带低潮区至浅海岩礁和珊瑚礁质底，退潮后常隐居在洞穴和缝隙间。

 国家重点保护
野生动物
二级

 IUCN
红色名录
NE

 CITES
附录
未列入

唐冠螺

Cassis cornuta

腹足纲 / 中腹足目 / 冠螺科

形态特征

壳长约300毫米。近球形，在体螺层上常有3-4条粗肋，其上具结节突起，肩部有1列巨大的角状突起。壳表灰白色，具不规则的红褐色斑纹或斑块。壳口窄长，橘黄色，唇部滑层宽厚，富有光泽。因形状似唐代的官帽而得名。

分布

印度洋-西太平洋暖海区广布种，国内分布于海南和台湾等地。栖息于浅海沙质或碎珊瑚质底，多在黄昏或夜间活动，不活动时常部分埋于沙面之下。

 国家重点保护野生动物 二级　 IUCN 红色名录 NE　 CITES 附录 未列入

《国家重点保护野生动物名录》备注：原名"冠螺"

法螺

Charonia tritonis

腹足纲 / 中腹足目 / 法螺科

形态特征

壳长约350毫米。壳呈号角状，具粗细相间的螺肋和结节突起，并有纵肿肋。壳表黄红色，具紫褐色鳞片状斑纹。壳口卵圆形，内面橘红色，外唇内缘具成对的红褐色齿肋，轴唇上具白、褐色相间的条状褶襞。

分布

印度洋-西太平洋暖海区广布种，国内分布于海南和台湾等地。栖息于浅海岩礁或珊瑚礁间，喜食破坏珊瑚礁的棘冠海星，因而被称为"珊瑚礁卫士"。

 国家重点保护野生动物 二级　 IUCN 红色名录 NE　 CITES 附录 未列入

角珊瑚目所有种

ANTIPATHARIA spp.

珊瑚纲 / 角珊瑚目

形态特征

　　角珊瑚形状多样，呈树状、扇状或鞭状。骨骼角质，因而得名，其骨骼表面上有一些细小的棘覆盖。珊瑚虫颜色非常丰富，无共生虫黄藻。全球已知约7科、42属、230种。

分布

　　在全球各大海域多有分布，但缺乏研究，一些浅水种类广泛分布于印度洋-太平洋海域。国内分布于海南和台湾。角珊瑚目物种无共生虫黄藻，不依赖阳光，许多种类分布于50米深的浅海，也可生长在阳光到达不了的深海。

**国家重点保护
野生动物**
二级

**IUCN
红色名录**
NE

**CITES
附录**
附录 II

霜鹿角珊瑚　*Acropora pruinosa*

单独鹿角珊瑚　*Acropora solitaryensis*

单独鹿角珊瑚　*Acropora solitaryensis*

霜鹿角珊瑚产卵　*Acropora pruinosa*

指形鹿角珊瑚　*Acropora digitfera*

指形鹿角珊瑚　*Acropora digitifera*

指形鹿角珊瑚　*Acropora digitifera*

石珊瑚目所有种

SCLERACTINIA spp.

珊瑚纲 / 石珊瑚目

形态特征

　　石珊瑚是一类大多体内具共生虫黄藻、能沉淀堆积石灰质骨骼、可造礁的珊瑚，是珊瑚礁的框架生物。造礁石珊瑚的分类主要根据隔片、珊瑚肋等珊瑚杯结构和群体形态及其无性繁殖方式。我国造礁石珊瑚物种极其丰富，包括16科、77属、445种。

分布

　　在全球可分为印度和太平洋区系和大西洋－加勒比海区系。国内分布于浙江南部、福建、广东、广西、海南和台湾。主要栖息于温暖、透明度高、贫营养的热带浅水水域。

 国家重点保护
野生动物
二级

 IUCN
红色名录
NE

 CITES
附录
附录Ⅱ

筛珊瑚　*Coscinaraea wellsi*

八重山扁脑珊瑚　*Platygyra yaeyamaensis*

八重山扁脑珊瑚　*Platygyra yaeyamaensis*

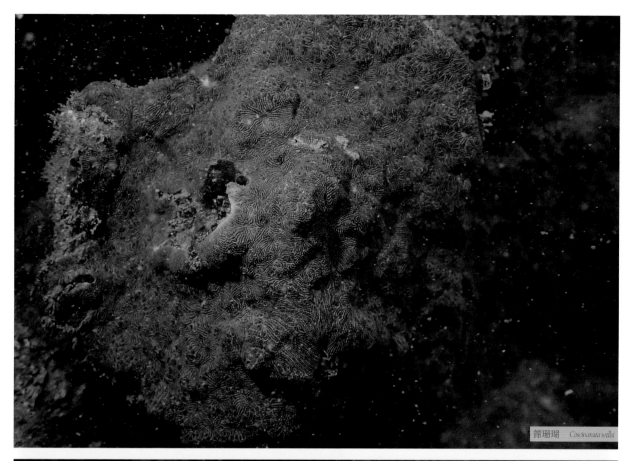

筛珊瑚 *Coscinaraea wellsi*

筛珊瑚 *Coscinaraea wellsi*

苍珊瑚科所有种

Helioporidae spp.

珊瑚纲 / 苍珊瑚目 / 苍珊瑚科

形态特征

群体直径可达1米，呈树状或圆块状，是八放珊瑚亚纲中唯一能长出大型骨骼的一类珊瑚。骨骼由碳酸钙和金属盐类组成，呈蓝色，因而又称为蓝珊瑚。珊瑚虫具8只羽状触手，褐色或浅蓝色。

分布

印度洋-太平洋海区广泛分布。国内分布于海南和台湾。

 国家重点保护
野生动物
二级

 IUCN
红色名录
NE

 CITES
附录
附录 II

笙珊瑚

Tubipora musica

珊瑚纲 / 软珊瑚目 / 笙珊瑚科

形态特征

群体长可达1米，呈半球状、块状、板状或宽板状。骨骼由许多红色柱状的细管构成，排列成束状，像国乐器笙，因而得名，细管间由横向的匍匐管道连结。珊瑚虫具8只羽状触手，呈灰绿、黄绿、灰白或淡褐色。触手骨针呈细小胶囊状或椭圆形，珊瑚虫基部骨针呈不规则棍棒形或片形。

分布

印度洋-西太平洋海域珊瑚区广泛分布。国内分布于海南和台湾。

 国家重点保护
野生动物
二级

 IUCN
红色名录
NT

 CITES
附录
附录 II

红珊瑚科所有种

Coralliidae spp.

珊瑚纲 / 软珊瑚目 / 红珊瑚科

形态特征

群体高可达1米，呈树枝状，生长缓慢。骨骼由坚硬的碳酸钙组成，呈红色、粉红色或白色。珊瑚虫具8只羽状触手。浅水种类常与造礁珊瑚生活在一起，以基盘固着在岩石或其他物体上。全球已知约3属42种。

分布

太平洋、印度洋、地中海、大西洋均有分布。国内分布于海南和台湾。

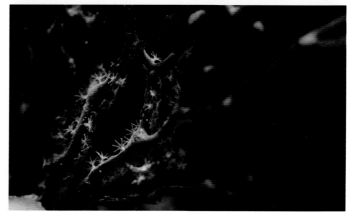

国家重点保护野生动物 一级	IUCN 红色名录 NE	CITES 附录 附录III

粗糙竹节柳珊瑚

Isis hippuris

珊瑚纲 / 软珊瑚目 / 竹节柳珊瑚科

形态特征

群体高达400毫米，基部附着于岩石。主干扁平，树枝分枝，略呈扇面，初级分枝呈圆柱形，末端分枝粗短且密集。珊瑚虫在分枝四周均匀分布，收缩后在皮层上留下一个个小孔。中轴分节。皮层厚度2.0–2.2毫米，骨针无色，以长腰双球型骨针为主。

分布

国内分布于海南（中沙群岛）和台湾。国外分布于菲律宾、印度尼西亚、澳大利亚、琉球群岛等地。

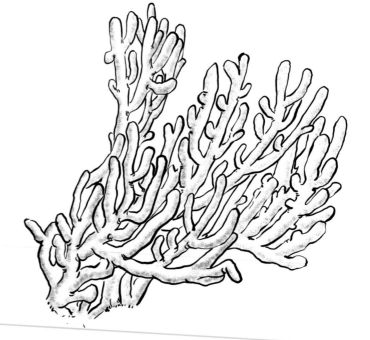

国家重点保护野生动物 二级	IUCN 红色名录 NE	CITES 附录 未列入

细枝竹节柳珊瑚

Isis minorbrachyblasta

珊瑚纲 / 软珊瑚目 / 竹节柳珊瑚科

国家重点保护野生动物 二级　IUCN 红色名录 NE　CITES 附录 未列入

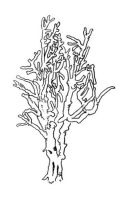

形态特征

　　群体高达350毫米。基部呈石化坚硬块状。树状分枝，末端珊瑚枝细短且密集。珊瑚虫在分枝四周均匀分布，收缩后不形成突起螅萼，而在皮层上留下一个个小孔。中轴分节。皮层厚度1.0-1.2毫米，骨针无色，以长腰双球型骨针为主。

分布

　　国内分布于海南（南沙群岛）。

网枝竹节柳珊瑚

Isis reticulata

珊瑚纲 / 软珊瑚目 / 竹节柳珊瑚科

国家重点保护野生动物 二级　IUCN 红色名录 NE　CITES 附录 未列入

形态特征

　　群体高达650毫米，略呈扇面。基部呈石化坚硬块状，固着于岩石。中轴分节，具钙质节间。主干圆柱状，树状分枝，末端珊瑚枝细长且稀疏。珊瑚虫在珊瑚枝四周均匀分布，收缩后在皮层上留下一个个小孔。中轴分节。皮层厚度0.6-0.8毫米，骨针无色，以长腰双球型骨针为主。

分布

　　国内分布于海南（西沙群岛）。国外分布于菲律宾、印度尼西亚。

分叉多孔螅

Millepora dichotoma

水螅纲 / 花裸螅目 / 多孔螅科

形态特征

水螅体珊瑚骼由纵横交错的分枝上下、左右融合成网孔板状，板几乎在一个平面上。板端有游离或两分叉的长短不一的圆形小枝，板面和分枝光滑，分枝顶端圆。活体呈淡黄色。水母体未知。

分布

分布于印度洋和西中太平洋。国内分布于海南和台湾。栖息于浅海2-7米的珊瑚碎屑底。

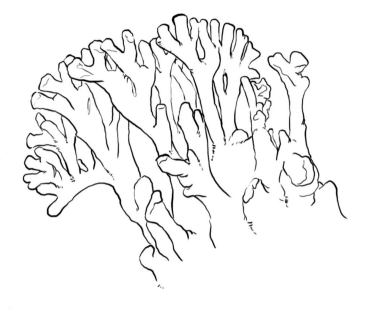

 国家重点保护
野生动物
二级

 IUCN
红色名录
LC

 CITES
附录
附录Ⅱ

节块多孔螅

Millepora exaesa

水螅纲 / 花裸螅目 / 多孔螅科

形态特征

水螅体珊瑚骼呈不规则节瘤块状，节瘤大小不一，突出高矮不等，形状有圆有尖，呈多样化。珊瑚骼表面粗糙。水母体未知。

分布

分布于印度洋–太平洋。国内分布于海南和台湾。栖息于浅海礁平台上，珊瑚骼易受潮水和风浪的影响而滚动。

 国家重点保护
野生动物
二级

 IUCN
红色名录
LC

 CITES
附录
附录Ⅱ

窝形多孔螅

Millepora foveolata

水螅纲 / 花裸螅目 / 多孔螅科

形态特征

　　水螅体珊瑚骼呈不规则块状，具结节状表面，布满较粗大的漏斗形穿孔，常镶嵌死珊瑚。小的指状孔围绕大的营养孔，构成未分化的循环结构。活体呈浅绿色。水母体未知。

分布

　　分布于印度洋-西太平洋。国内分布于台湾。栖息于浅海，暖水底栖种。

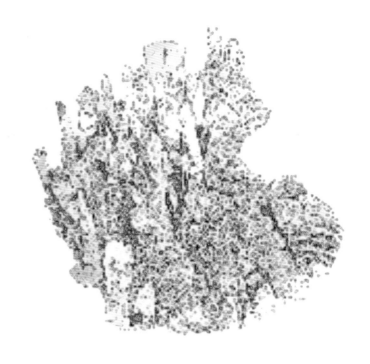

 国家重点保护
野生动物
二级

 IUCN
红色名录
VU

 CITES
附录
附录 II

错综多孔螅

Millepora intricata

水螅纲 / 花裸螅目 / 多孔螅科

形态特征

　　水螅体珊瑚骼由稀疏的短而细的分枝纵横交错，连成复杂的分枝生长类型，表面很光滑。活体呈苍白色、淡黄色或褐色。水母体未知。

分布

　　国内分布于海南和台湾。栖息于浅海，暖水底栖种。

 国家重点保护
野生动物
二级

 IUCN
红色名录
LC

 CITES
附录
附录 II

阔叶多孔螅

Millepora latifolia

水螅纲 / 花裸螅目 / 多孔螅科

形态特征

　　水螅体珊瑚骼由尖而直立的分枝融合的板组成，个别分枝不融合，直立，侧枝横向突出，约垂直于板。珊瑚骼表面光滑，孔大。单色活体呈褐色或灰紫色，复色活体上端为柠檬黄色，下端为灰色。水母体未知。

分布

　　国内分布于海南和台湾。国外分布于印度尼西亚。常栖息于浅海礁平台较深的礁池内，暖水底栖种。

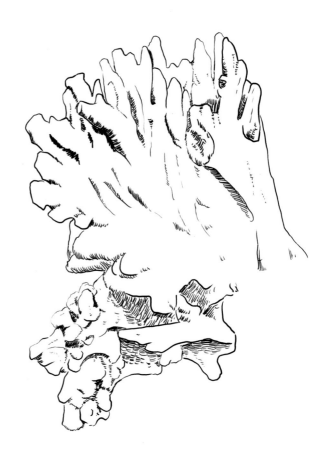

 国家重点保护野生动物 二级　　 IUCN 红色名录 VU　　 CITES 附录 附录Ⅱ

扁叶多孔螅

Millepora platyphylla

水螅纲 / 花裸螅目 / 多孔螅科

形态特征

　　水螅体珊瑚骼形状变异大，由直立朝上生长的板形成，这些板彼此联合成蜂窝格，或有形成蜂窝格的趋势，幼体皮壳状。表面平而光滑，或有瘿或瘤状突起。活体呈深绿色或黄色夹杂绿色。水母体未知。

分布

　　分布于印度洋-太平洋。国内分布于海南、台湾。栖息于浅海，暖水底栖种。

 国家重点保护野生动物 二级　　 IUCN 红色名录 LC　　 CITES 附录 附录Ⅱ

娇嫩多孔螅

Millepora tenera

水螅纲 / 花裸螅目 / 多孔螅科

形态特征

水螅体珊瑚骼由扁或圆的分枝形成指状或疏扇形板状，板不在一个面上。分枝末端截形或尖圆形。珊瑚骼表面光滑。活体呈淡黄色。水母体未知。

分布

分布于印度洋-西中太平洋。国内分布于海南、台湾。栖息于浅海礁平台的礁池内或珊瑚沙底。

 国家重点保护
野生动物
二级

 IUCN
红色名录
LC

 CITES
附录
附录 II

无序双孔螅

Distichopora irregularis

水螅纲 / 花裸螅目 / 柱星螅科

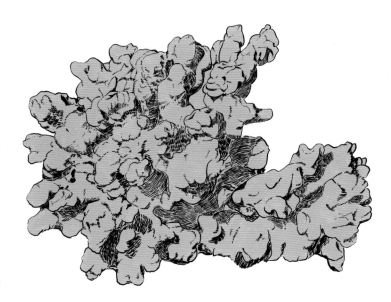

形态特征

　　水螅体群体扇形，叉状分枝或不规则分枝，分枝圆而略扁，末梢侧扁。分枝孔列有或无，呈弧线形排列，分布不规则。营养孔开口近环形，成行排列，指状孔开口卵圆形，散布于营养孔两侧。壶腹位于孔列之间，共骨呈浅粉色，表面由细小颗粒组成蠕虫状纹理。

分布

　　国内分布于海南。国外分布于菲律宾和马达加斯加北部。栖息于浅海，底栖种。

 国家重点保护
野生动物
二级

 IUCN
红色名录
NE

 CITES
附录
附录Ⅱ

紫色双孔螅

Distichopora violacea

水螅纲 / 花裸螅目 / 柱星螅科

形态特征

　　水螅体群体树状，通常扇形，有时不规则。茎不相连，二歧或三歧分枝。营养孔和指状孔平行排列在分枝侧缘，营养孔较大，两侧各一列较小的指状孔。壶腹圆浅凸，单个或成群位于分枝表面，共骨表面光滑或覆盖小而密的突起。活体呈深紫色，末梢常呈白色。

分布

　　广布于西印度洋至南太平洋土阿莫土群岛，新西兰向北至日本。国内分布于海南和台湾。栖息于浅海珊瑚礁边缘，底栖种。

 国家重点保护
野生动物
二级

 IUCN
红色名录
NE

 CITES
附录
附录Ⅱ

佳丽刺柱螅

Errina dabneyi

水螅纲 / 花裸螅目 / 柱星螅科

形态特征

水螅体群体扇形，单一平面。分枝柱状，有时相互愈合，小分枝和主分枝垂直。营养孔圆形，边缘有宽唇，指状孔尖状突起，顶部具沟，位于分枝末端和营养孔唇缘下方，但大分枝较少。共骨呈白色，具网状颗粒纹理。

分布

分布于太平洋、大西洋。国内分布于海南。底栖种。

 国家重点保护
野生动物
二级

 IUCN
红色名录
NE

 CITES
附录
附录Ⅱ

扇形柱星螅

Stylaster flabelliformis

水螅纲 / 花裸螅目 / 柱星螅科

形态特征

水螅体群体扇形，位于同一平面。大分枝向各方向伸出，中间密布较小分枝，但不相连。分枝表面有纵向排列的小孔形成的细纹，有些分枝具小刺。环孔系统位于分枝侧面，中间有小枝间隔，形成"Z"字形。共骨呈白色。壶腹半球形至锥形，表面光滑或覆盖一些钝刺。

分布

分布于印度洋-西中太平洋。国内分布于海南。栖息于浅海，底栖种。

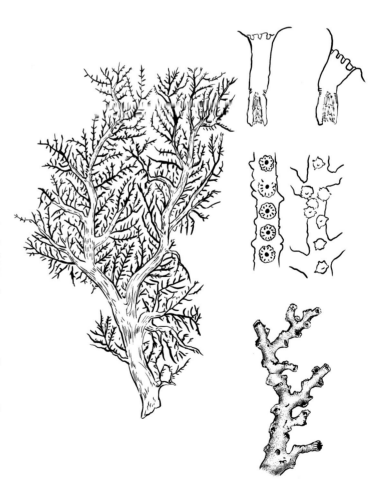

 国家重点保护
野生动物
二级

 IUCN
红色名录
NE

 CITES
附录
附录Ⅱ

细巧柱星螅

Stylaster gracilis

水螅纲 / 花裸螅目 / 柱星螅科

形态特征

　　水螅体群体树状分枝，通常扇形，有时不规则。茎不相连，略扁。环孔系统小，呈圆形或椭圆形，在小分枝顶部两侧间互排列，但在分枝基部呈不规则散布。壶腹单个或成群，球茎状，表面粗糙。共骨除小分枝末端表面外，其余散布锥形突起。群体橙红色。

分布

　　从澳大利亚、新西兰向北至日本分布，国内分布于台湾。栖息于浅海，底栖种。

 国家重点保护野生动物 二级　　 **IUCN 红色名录** NE　　 **CITES 附录** 附录Ⅱ

佳丽柱星螅

Stylaster pulcher

水螅纲 / 花裸螅目 / 柱星螅科

形态特征

　　水螅体群体分枝，呈不规则扇形，表面尤其是基部具白色条纹。主茎和分枝较粗，圆或略微侧扁，向上逐渐变细，分枝不相连。群体表面散布许多环孔系统，向主茎基部逐步变少，环孔系统亚圆形或长卵形，排成2列分列于分枝的对侧。壶腹呈圆形突起。共骨呈淡黄色、唇红色或砖红色。

分布

　　国内分布于海南。国外分布于日本。栖息于浅海，底栖种。

 国家重点保护野生动物 二级　　 **IUCN 红色名录** NE　　 **CITES 附录** 附录Ⅱ

艳红柱星螅

Stylaster sanguineus

水螅纲 / 花裸螅目 / 柱星螅科

形态特征

水螅体群体树状，分枝形成亚扇形，主分枝大而侧扁，顶部分枝细，很少相连。表面光滑，具线状排列的细小颗粒。营养孔圆，纵向排列于分枝侧面。壶腹半球形。活体呈玫瑰红色，大分枝颜色较淡，小分枝鲜红色。

分布

国内分布于海南和台湾。国外分布于日本、澳大利亚、新西兰等地。栖息于浅海背阴的珊瑚裂隙中，底栖种。

 国家重点保护
野生动物
二级

 IUCN
红色名录
NE

 CITES
附录
附录II

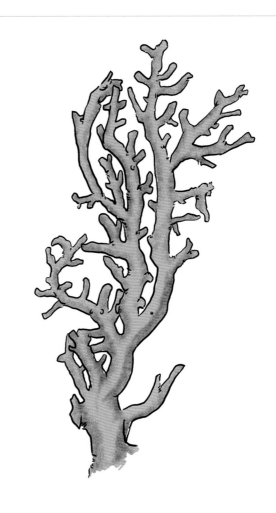

粗糙柱星螅

Stylaster scabiosus

水螅纲 / 花裸螅目 / 柱星螅科

形态特征

水螅体群体树状，小群体呈扇形，较大群体亚扇形或不规则。茎通常较粗，不相连。群体扇形或亚扇形时，茎略侧扁，体型不规则时，茎圆柱形或亚柱状。环孔系统圆形，散布于分枝表面。壶腹单个或成群，球茎状。环孔系统和壶腹间共骨光滑。活体呈淡粉红色至白色。

分布

分布于西北太平洋。国内分布于福建、台湾。栖息于浅海，底栖种。

 国家重点保护
野生动物
二级

 IUCN
红色名录
NE

 CITES
附录
附录II

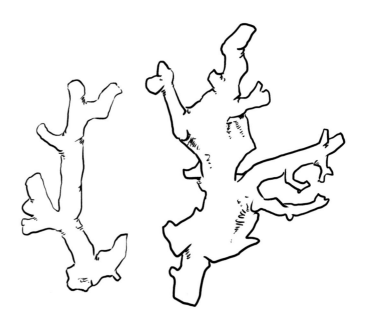

跋

2021年2月5日，国家林业和草原局、农业农村部联合发布公告，正式公布新调整的《国家重点保护野生动物名录》（以下简称《名录》）。调整后的《名录》，共列入野生动物980种和8类，其中国家一级保护野生动物234种和1类、国家二级保护野生动物746种和7类。上述物种中，686种为陆生野生动物，294种和8类为水生野生动物。

这次《名录》调整，是我国自1989年以来首次对《名录》进行大调整，与原《名录》相比，新《名录》主要有两点变化。一是原《名录》所有物种均予以保留，调整保护级别68种。其中豺、长江江豚等65种由国家二级保护野生动物升为国家一级，熊猴、北山羊、蟒蛇3种野生动物因种群稳定、分布较广，由国家一级保护野生动物调整为国家二级。二是新增517种（类）野生动物，占新名录总数的52%。其中，大斑灵猫等43种列为国家一级保护野生动物，狼等474种（类）列为国家二级保护野生动物。

我国野生动物种类十分丰富，仅脊椎动物就达7300种，其中大熊猫、华南虎、金丝猴、长江江豚、朱鹮、大鲵等许多珍贵、濒危野生动物为我国所特有。为加强珍贵、濒危野生动物拯救保护，《中华人民共和国野生动物保护法》对实施《名录》制度作出了明确规定。为让野生动物保护管理、执法监管人员熟悉新《名录》中野生动物种类、管理要求、识别特征等，便于在执法过程中准确把握法律条文、甄别驯养品种、推进依法惩处；让经营利用人员及时了解新《名录》中野生动物种类，使其在经营利用中自觉遵守野生动物保护法律法规；让公众科学认识新《名录》中野生动物物种，形成全社会保护野生动物的良好局面，中国野生动物保护协会联合海峡书局出版社有限公司共同出版了《国家重点保护野生动物图鉴》，希望对推动我国野生动物保护有所帮助。在此，对所有参与本书编写、提供照片和资料，以及支持本书出版的单位和个人表示衷心的感谢。

"天高任鸟飞，海阔凭鱼跃"，作为生态系统重要组成部分的野生动物，在生态文明建设中正发挥着独特的作用。保护野生动物，维护其自然家园的完整性和原真性，满足人民群众对美好生活的需求，是我们的责任，也是时代的要求。

编委会

2022年3月

主要参考文献

蔡如星, 1991. 浙江动物志 软体动物[M]. 杭州: 浙江科学技术出版社.

陈大刚, 张美昭, 2015. 中国海洋鱼类[M]. 青岛: 中国海洋大学出版社.

陈树椿, 1999. 中国珍稀昆虫图鉴[M]. 北京: 中国林业出版社.

陈树椿, 何允恒, 2008. 中国䗛目昆虫[M]. 北京: 中国林业出版社.

褚新洛, 陈银瑞, 1989. 云南鱼类志(上册)[M]. 北京: 科学出版社.

褚新洛, 陈银瑞, 1990. 云南鱼类志(下册)[M]. 北京: 科学出版社.

费梁, 2020. 中国两栖动物图鉴(野外版)[M]. 郑州: 河南科学技术出版社.

费梁, 叶昌媛, 江建平, 2012. 中国两栖动物及其分布彩色图鉴[M]. 成都: 四川科学技术出版社.

黄复生, 1976. 缺翅目昆虫一新种[J]. 昆虫学报, 19(2): 225-227.

黄宗国, 林茂, 2012. 中国海洋生物图集(第3册)[M]. 北京: 海洋出版社.

黄宗国, 林茂, 2012. 中国海洋生物图集(第7册)[M]. 北京: 海洋出版社.

甘西, 蓝家湖, 吴铁军, 等, 2017. 中国南方淡水鱼类原色图鉴[M]. 郑州: 河南科学技术出版社.

管华诗, 王曙光, 2016. 中华海洋本草图鉴(第2卷)[M]. 上海: 上海科学技术出版社.

广西壮族自治区水产研究所, 中国科学院动物研究所, 2006. 广西淡水鱼类志[M]. 第2版. 南宁: 广西人民出版社.

国家林业和草原局, 农业农村部, 2021. 国家重点保护野生动物名录[EB/OL]. (2021-02-05). http://www.forestry.gov.cn/html/main/main_5461/20210205122418860831352/file/20210205151950336764982.pdf

郭亮, 2022. 河蚌[M]. 福州: 海峡书局.

郭延蜀, 孙治宇, 何兴恒, 等, 2021. 四川鱼类原色图志(上册)[M]. 北京: 科学出版社.

郭延蜀, 孙治宇, 何兴恒, 等, 2021. 四川鱼类原色图志(下册)[M]. 北京: 科学出版社.

洪水根, 2011. 中国鲎生物学研究[M]. 厦门: 厦门大学出版社.

李思忠, 2017. 黄河鱼类志[M]. 青岛: 中国海洋大学出版社.

马建章, 2002. 中国野生动物保护实用手册[M]. 北京: 科学技术文献出版社.

寿建新, 周尧, 李宇飞, 2006. 世界蝴蝶分类名录[M]. 西安: 陕西科学技术出版社.

王鹏, 2017. 海南珊瑚[M]. 北京: 海洋出版社.

王鹏, 陈积明, 刘维, 2014. 海南主要水生生物[M]. 北京: 海洋出版社.

王香, 翟卿, 曹龙, 等, 2018. 西藏印度长臂金龟 Cheirotonus macleayi Hope,1840研究(鞘翅目: 金龟科: 彩胸臂金龟属)[J]. 华中昆虫研究, 14: 242-246.

武春生, 徐堉峰, 2017. 中国蝴蝶图鉴 Vol.1 标本卷[M]. 福州: 海峡书局.

武春生, 徐堉峰, 2017. 中国蝴蝶图鉴 Vol.2 标本卷[M]. 福州: 海峡书局.

武春生, 徐堉峰, 2017. 中国蝴蝶图鉴 Vol.3 标本卷[M]. 福州: 海峡书局.

武春生, 徐堉峰, 2017. 中国蝴蝶图鉴 Vol.4 标本卷[M]. 福州: 海峡书局.

吴珑, 吴珍泉, 2008. 福建地区褐臂金龟新亚种记录(鞘翅目, 臂金龟科)[J]. 动物分类学报, 33(4): 827-828.

伍献文, 1964. 中国鲤科鱼类志(上册)[M]. 上海: 上海科学技术出版社.

伍献文, 1978. 中国鲤科鱼类志(下册)[M]. 上海: 上海科学技术出版社.

许振祖，黄加祺，林茂，等，2014. 中国刺胞动物门水螅虫总纲[M]. 北京：海洋出版社.

于晓东，周红章，罗天宏，2001. 神农架保护区大步甲和蜗步甲属生境选择与物种多样性研究[J]. 生物多样性，9(3)：214-221.

云南省林业厅，中国科学院动物研究所，1987. 云南森林昆虫[M]. 昆明：云南科学技术出版社.

赵文阁，2018. 黑龙江省鱼类原色图鉴[M]. 北京：科学出版社.

张继灵，2020. 福建野外常见淡水鱼图鉴[M]. 福州：海峡书局.

张巍巍，李元胜，2019. 中国昆虫生态大图鉴[M]. 重庆：重庆大学出版社.

赵盛龙，2009. 东海区珍稀水生动物图鉴[M]. 上海：同济大学出版社.

赵盛龙，徐汉祥，钟俊生，等，2016. 浙江海洋鱼类志(上册)[M]. 杭州：浙江科学技术出版社.

赵亚辉，张春光，2009. 中国特有金线鲃属鱼类[M]. 北京：科学出版社.

周尧，1999. 中国蝴蝶原色图鉴[M]. 郑州：河南科学技术出版社.

中国科学院水生生物研究所，上海自然博物馆，1982. 中国淡水鱼类原色图集(1册)[M]. 上海：上海科学技术出版社.

中国科学院水生生物研究所，上海自然博物馆，1982. 中国淡水鱼类原色图集(2册)[M]. 上海：上海科学技术出版社.

中国科学院水生生物研究所，上海自然博物馆，1982. 中国淡水鱼类原色图集(3册)[M]. 上海：上海科学技术出版社.

ABBAS M, BAI M, YANG XK, 2015. Study on dung beetles (Coleoptera: carabaeidae: Scarabaeinae) of northern Pakistan with a new record from Pakistan[J]. Entomotax, 37(4): 257-267.

AN J M, LI XZ, 2005. First record of the family Spengeliidae (Hemichordata: Enteropneusta) from Chinese waters, with description of a new species[J]. Journal of Natural History, 39(22): 1995-2004.

BAI M, JARVIS K, WANG SY, et al., 2010. A second new species of ice crawlers from China (Insecta: Grylloblattodea), with thorax evolution and the prediction of potential distribution[J]. PLoS One, 5(9): e12850.

BOSCHMA H, 1948. The species problem in *Millepora*[M]. Leiden: EJ Brill.

BOSCHMA H, 1953. The Stylasterina of the Pacific[J]. Zoologische Mededelingen, 32(16): 165-184.

CHEUNG K, BAI M, LEUNG M, et al., 2018. Scarabaeinae (Coleoptera: Scarabaeidae) from Hong Kong[J]. Zoological Systematics, 43(3): 233-267.

CITES, 2022. Checklist of CITES species, appendix Ⅰ, Ⅱ and Ⅲ[EB/OL]. [2022-02-05]. https://checklist.cites.org/.

CUMMING RT, BANK S, BRESSEEL J, et al., 2021. *Cryptophyllium*, the hidden leaf insects-descriptions of a new leaf insect genusand thirteen species from the former celebicum species group (Phasmatodea, Phylliidae)[J]. ZooKeys, 1018: 1-179.

IUCN, 2022. The IUCN Red List of Threatened Species. Version 2022-1[EB/OL]. [2022-02-05]. https://www.iucnredlist.org/.

WANG M, SETTELE J, 2010. Notes on and key to the genus *Phengaris* (s. str.)(Lepidoptera, Lycaenidae) from mainland China with description of a new species[J]. ZooKeys, 48: 21-28.

ZHOU H Z, YU X D, 2003. Rediscovery of the family Synteliidae (Coleoptera: Histeroidea) and two new species from China[J]. The Coleopterists Bulletin, 57(3): 265-273.

中文名笔画索引

拉丁名索引